普通高等院校计算机基础教育"十四五"规划教材

Python 基础案例教程

钱宇华　袁晓琴　编著

中国铁道出版社有限公司
CHINA RAILWAY PUBLISHING HOUSE CO., LTD.

内容简介

本书从初学者的角度出发，对 Python 基础知识进行讲解。以案例为导向，帮助读者结合实际需求分析问题并编程实现，逐步掌握程序设计的思维方式和基本方法，提高使用 Python 语言编程解决实际问题的计算思维能力、程序设计能力。全书共分 8 章，主要包括 Python 语言概述、认识 Python、程序基本结构、Python 控制语句、分支结构、字典与集合、函数与函数式编程、模块等内容。

本书适合作为普通高等院校计算机公共课的教材，尤其适合文科类学生及程序设计语言初学者入门与提高参考阅读。

图书在版编目（CIP）数据

Python 基础案例教程 / 钱宇华 , 袁晓琴编著 .—北京 : 中国铁道出版社有限公司 , 2021.2（2022.8 重印）

普通高等院校计算机基础教育"十四五"规划教材

ISBN 978–7–113–27541–9

Ⅰ . ① P··· Ⅱ . ①钱··· ②袁··· Ⅲ . ①软件工具 – 程序设计 – 高等学校 – 教材 Ⅳ . ① TP311.561

中国版本图书馆 CIP 数据核字（2020）第 273272 号

书　　名：Python 基础案例教程
作　　者：钱宇华　袁晓琴

策　　划：魏　娜　　　　　　　　　　　编辑部电话：(010) 63549508
责任编辑：陆慧萍　徐盼欣
封面设计：刘　颖
责任校对：苗　丹
责任印制：樊启鹏

出版发行：中国铁道出版社有限公司（100054，北京市西城区右安门西街 8 号）
网　　址：http://www.tdpress.com/51eds/
印　　刷：三河市兴博印务有限公司
版　　次：2021 年 2 月第 1 版　2022 年 8 月第 2 次印刷
开　　本：787 mm×1 092 mm 1/16　印张：11.5　字数：254 千
书　　号：ISBN 978-7-113-27541-9
定　　价：35.00 元

✓ 前 言

很多人都认为，文科生不需要学习编程，而语言类专业的学生更不需要学习编程。但编者认为还是有必要传授给学生编程技能，原因有两个方面。第一，通过编程可以让学生拥有用计算机解决实际问题的能力。第二，通过编程可以培养学生的计算思维能力。

随着数字化步伐加快，智能社会离我们越来越近。智能手机、iPad 等设备上的 App 越来越多地融入了学生的生活。学生离不开网络，离不开这些 App。但有些学生不知道最起码的登录代码，也不知道什么是 bug 及 Windows 系统为什么要不断地更新。通过本书的学习，学生可以掌握程序设计的基本方法，可以通过编程掌握对实际问题进行分析及代码实现的方法，推进思维方式的转变，培养计算思维能力。

编者从 2013 年开始接触 Python，发现 Python 的语法规则非常简洁，很适合入门级的文科生学习。例如，自动缩进对齐划分语句块的功能就非常有用，在学生编程时易于理解和掌握。而且，Python 作为一种人工智能语言，已逐步成为各行业应用开发的首选编程语言，掌握 Python 对于学生今后的学习和工作大有裨益。

本书共分 8 章，主要内容包括：Python 语言概述、认识 Python、程序基本结构、Python 控制语句、分支结构、字典与集合、函数与函数式编程、模块。

本书的特点如下：

第一，基于零基础，以够用为目标。针对语言类文科生的特点，重点介绍解决问题的思维过程，穿插介绍 Python 的理论知识。

第二，从案例出发，由浅到深，逐步深入，逐步改善和调整思维方式和路线。为了让学生熟悉编程过程，通过案例介绍编程的三步曲：输入（Input）、处理（Process）、输出（Output）。首先分析问题，引导学生解决问题，写出解题的基本过程，并完成代码编写。

第三，从 turtle 简单绘制图形开始，逐步深入到常见的基本算法。使学生逐步上手，慢慢体会循环、分支、函数、模块的作用。

第四，同一个案例贯穿始终。例如，通过绘制奥运五环的案例，介绍列表、元组、循环，再到函数定义、自制模块调用。

第五，通过所学知识使学生可以独立设计一个作品。例如，绘制一个小小的迷宫、绘制一个 logo 等，形成自己解决实际问题的方法。

本书在编写过程中，得到了北京第二外国语学院的魏磊、曲文岐、田嵩、唐君健老师的帮助，在此表示衷心的感谢。

限于编者水平，书中不妥与疏漏之处在所难免，敬请广大读者批评指正。

编著者

2020 年 11 月

目 录

第 1 章　Python 语言概述 1

1.1　程序设计基础 1

　　1.1.1　程序设计语言 1

　　1.1.2　计算机程序运行方式 2

1.2　Python 语言 3

　　1.2.1　Python 的诞生 3

　　1.2.2　Python 的特点 4

　　1.2.3　Python 的应用领域 4

　　1.2.4　Python 的版本 5

1.3　Python 安装和运行环境 5

　　1.3.1　下载安装 5

　　1.3.2　运行环境 8

　　1.3.3　第一个 Python 程序 11

　　1.3.4　运行 Python 程序 11

　　1.3.5　错误与异常 12

　　1.3.6　代码书写要求 15

1.4　程序编写的基本方法 19

1.5　帮助系统 21

基础知识练习 22

操作实践 22

第 2 章　认识 Python 25

2.1　类和对象 25

　　2.1.1　创建对象 26

　　2.1.2　输出对象 28

2.2　标识符和保留字 28

　　2.2.1　标识符 28

　　2.2.2　保留字 29

2.3　常用的数据类型 30

　　　　2.3.1　数字 30

　　　　2.3.2　字符串 31

　　　　2.3.3　列表 35

　　　　2.3.4　元组 38

　　　　2.3.5　布尔类型 40

　　　　2.3.6　空值 40

　　2.4　变量与表达式 40

　　　　2.4.1　常量 40

　　　　2.4.2　变量 40

　　　　2.4.3　运算符与表达式 42

　　　　2.4.4　条件表达式 47

　　2.5　常用函数 48

　　　　2.5.1　函数的定义 48

　　　　2.5.2　函数的种类 48

　　基础知识练习 51

　　操作实践 53

第 3 章　程序基本结构 **55**

　　3.1　程序的基本结构 55

　　　　3.1.1　基本输入 / 输出语句 55

　　　　3.1.2　赋值语句 58

　　3.2　绘制图形——turtle 模块 60

　　　　3.2.1　导入 turtle 模块 60

　　　　3.2.2　设置画布 61

　　　　3.2.3　画布坐标系 62

　　　　3.2.4　常用的运动命令 62

　　　　3.2.5　控制画笔命令 65

　　3.3　turtle Demo 68

　　基础知识练习 70

　　操作实践 72

第 4 章　Python 控制语句 **73**

　　4.1　循环结构 73

　　4.2　while 循环 74

　　4.3　for 循环 76

4.3.1　range() 函数 77

4.3.2　遍历序列结构中的数据 78

4.4　break 和 continue 语句 89

4.4.1　break 语句 89

4.4.2　continue 语句 90

4.5　pass 91

4.6　多重循环 91

4.7　死循环 92

基础知识练习 93

操作实践 97

第 5 章　分支结构 99

5.1　条件分支语句 99

5.1.1　布尔值 99

5.1.2　单分支结构 100

5.1.3　双分支结构 102

5.1.4　random 模块 104

5.1.5　多分支结构 106

5.2　算法 109

5.2.1　算法的定义 109

5.2.2　算法的特征与表现形式 110

5.2.3　常见算法 110

5.2.4　排序算法 111

5.3　turtle 模块中输入数据语句 116

5.3.1　输入字符串 116

5.3.2　输入数值 118

基础知识练习 119

操作实践 121

第 6 章　字典与集合 123

6.1　字典类型 123

6.1.1　字典的基本概念 123

6.1.2　字典的基本操作 124

6.1.3　与字典相关的常用函数 128

6.2　集合类型 130

6.2.1　集合类型 131

6.2.2　集合的基本操作 131

基础知识练习 134

操作实践 136

◉第 7 章　函数与函数式编程 137

7.1　认识函数 137

7.1.1　help() 寻找内置函数 137

7.1.2　自定义函数作用 138

7.2　函数的定义和调用 138

7.2.1　函数的定义 138

7.2.2　函数的调用 140

7.2.3　函数的参数 141

7.2.4　函数参数的传递 142

7.2.5　函数的返回值 144

7.3　变量的作用域 146

7.3.1　局部变量 146

7.3.2　全局变量 146

7.3.3　global 保留字 147

7.4　lambda 表达式 148

7.4.1　匿名函数 148

7.4.2　lambda 函数的特点 148

7.5　递归函数 149

7.6　Python 标准库——内置函数 151

7.6.1　常用内置函数 151

7.6.2　数字相关的函数 152

7.6.3　与类型转换相关的函数 155

基础知识练习 157

操作实践 159

◉第 8 章　模块 160

8.1　模块的概念 160

8.2　导入模块 161

8.3　模块导入特性 161

8.3.1　允许模块多次导入 161

　　8.3.2　模块间相互调用 ···162

8.4　常用标准模块 ··162

　　8.4.1　sys 模块 ···162

　　8.4.2　time 模块 ···168

8.5　导入和调用自制模块 ··170

　　8.5.1　自制模块 ···170

　　8.5.2　调用自制模块 ···172

基础知识练习 ···173

操作实践 ···174

第1章
Python 语言概述

日常生活工作中，我们经常浏览各种网站、网页，进行数据查询、网络购物、订购火车票等操作。在使用某一个应用程序时，会发现有许多任务更适合用自动化方式进行处理。例如，进行文本编辑时，多个词或字要替换成同一格式，此时用"查找 / 替换"方式最好。

上述应用程序及手机上的各种 App，都是用不同的计算机语言来设计、开发的计算机程序，执行这些设计好的程序即可获得需要的界面或结果。同学们可能会说，根据学习和生活需求，会用 App 就好，为什么还要学习编程呢？已故苹果公司创始人史蒂夫·乔布斯（Steve Jobs）曾说：每个人都应该学习如何编程，因为它会教会你如何思考。由此看来，编程能让我们学会思考，学会如何用计算机解决实际问题。

那为什么选择 Python 呢？主要是因为 Python 简单易学，而且是开源免费的。

学习目标

- 学会 Python 下载与安装。
- 熟悉 IDLE 环境，掌握交互和文件两种运行代码的方式。
- 熟悉 IPO 编写程序代码过程。
- 熟悉新建 py 文件、保存、运行、调试的过程。
- 熟悉常见的错误与异常信息。
- 掌握 IDLE 编辑器中高亮度显示文本的含义。

 ## 1.1　程序设计基础

1.1.1　程序设计语言

在人类社会，人与人之间的交流要用人类语言。而在人与计算机的世界里，人与计算机交流要用计算机语言。人类间交流的语言有很多种，如汉语、英语、法语等，它们各自都有自己的文字、语法规定。同样，计算机也有多种语言系统，每一种程序设计语言都有各自的一套指令系统，也有类似于人类语言中的词汇、语法等规定。

人类可以按照任务的功能来组织计算机指令，使计算机能够自动进行各种运算处理，这个过程就是程序设计过程。按照程序设计语言规则组织起来的一组计算机指令称为计算机程序。

计算机语言从 1946 年第一部通用电子计算机诞生时就已诞生，从其发展历程来讲经历了机器语言、汇编语言和高级语言 3 个阶段。

机器语言是一种二进制语言，直接用二进制代码来表示计算机指令，是可以在计算机硬件上直接被识别和执行的计算机语言。结构不同的计算机，其机器指令系统也不同。

由于用机器语言编写计算机程序非常困难，并且二进制代码编写的程序可阅读性差，对其修改也非常困难，于是出现了助记符。用助记符代替二进制代码，从而诞生了汇编语言。利用汇编语言编写的计算机程序，执行时经过汇编生成二进制代码运行。由于机器语言和汇编语言都直接操作计算机硬件，所以这两种语言也称低级语言。

对于非计算机专业人员来讲，用低级语言编写计算机程序非常冗繁和困难，于是高级语言应运而生。高级语言是一种接近于人类自然语言（英语）的一种计算机程序设计语言，并不是特指某一个。当前常用的高级语言有 C、C++、C#、Java、JavaScript、PHP、Python、SQL 等。

1.1.2 计算机程序运行方式

所谓计算机程序运行，就是用鼠标双击计算机程序文件执行它。用高级语言编写的计算机程序，按照执行方式可分为两种：编译和解释。

1. 编译方式

编译是将源代码转换成目标代码的过程。源代码是用高级语言编写的代码，目标代码是机器语言代码。执行编译的计算机程序称为编译程序（编译器）。图 1-1 所示为程序的编译和执行过程。

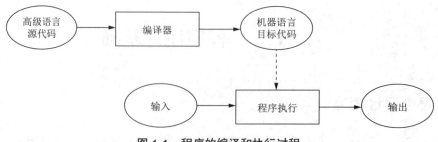

图 1-1　程序的编译和执行过程

2. 解释方式

解释是将源代码逐条地转换成目标代码同时逐条运行目标代码的过程。执行解释的计算机程序称为解释程序（解释器）。图 1-2 所示为程序的解释和执行过程。其中高级语言源代码与数据一同输入给解释器，然后输出结果。

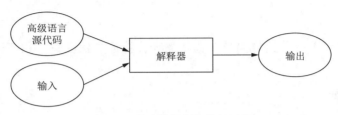

图 1-2　程序的解释和执行过程

图 1-3 所示为编译器和解释器翻译代码过程。从图中可以看出两种方法的差异点在于翻译时间不同，并且编译方式会生成一个可执行文件（目标文件），但解释方式没有。

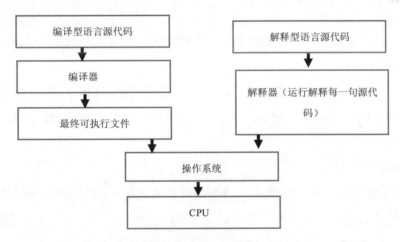

图 1-3　编译器和解释器翻译代码过程

 ## 1.2　Python 语言

Python 是一种解释型语言。

1.2.1　Python 的诞生

Python 的创始人为荷兰的吉多·范罗苏姆（Guido van Rossum）。1989 年，范罗苏姆为了打发圣诞节的无聊，决定开发一种新的脚本解释程序。之所以选用 Python 作为该编程语言的名字，是因为他喜欢一个名为 Monty Python 的喜剧团。

1991 年，Python 第一个发行版本正式发布，它是面向对象的解释型计算机程序设计语言，用 C 语言开发。

Python 实际上是一个可以用多种不同方式来实现的语言规范。

1.2.2　Python 的特点

1. 简单易学

关键字（保留字）少，结构简单，语法清晰，接近自然语言，用缩进对齐方式划分语句块。

2. 免费、开源

Python 是 FLOSS（自由 / 开放源码软件）之一，系统源代码可以免费获得。

3. 高级语言

用 Python 语言编写程序的时候，无须考虑管理内存一类的底层细节。

4. 解释性

用 Python 语言写的程序不需要编译成二进制代码，可以直接从源代码运行程序。

5. 可移植性

由于开源，Python 已经被移植在许多平台上，包括但不限于 Linux、Windows、Macintosh、Solaris、OS/2、VMS、Psion、Acom RISC OS、VxWorks、PlayStation、Sharp Zaurus、Windows CE 等。

6. 面向对象

Python 既支持面向过程的编程也支持面向对象的编程。在面向过程语言中，程序是由过程或仅仅是可重用代码的函数构建起来的。在面向对象语言中，程序是由数据和功能组合而成的对象构建起来的。

7. 丰富的库

Python 语言的核心只包含数字、字符串、列表、字典、文件等常见类型和函数，但 Python 标准库非常庞大，其组件涉及范围十分广泛，提供了系统管理、网络通信、文本处理、数据库接口、图形系统、XML 处理等额外的功能。

1.2.3　Python 的应用领域

Python 社区提供了大量的第三方模块，其应用已扩展到各个领域。例如：

（1）桌面 GUI 软件开发 (wxPython、PyQT 等)。

（2）网络应用开发 (内置模块、Twistd、Stackless 等)。

（3）2/3D 图形处理、游戏开发 (PIL、pyGame 等)。

（4）文档处理、科学计算 (moinmoin、numpy 等)。

（5）Web 应用开发 (Django、ZOPE、web.py、Quixote 等)。

（6）移动设备应用开发 (PyS60 等)。

（7）数据库开发 (支持 SQL、NoSQL、ZODB 等)。

（8）嵌入其他应用 (嵌入 C/C++、Delphi、调用 DLL 等)。

（9）Google 核心搜索引擎。

（10）美国宇航局使用 Python 实现 CAD/CAE/PDM 库及模型管理系统。

（11）全球知名的光影技术先驱 Industrial Light & Magic 使用 Python 处理电影光影合成。

（12）全球最大的游戏厂商 EVE-online 利用 Python 使同时服务 10 000 个玩家在同一个程序的内存空间成为可能。

（13）Yahoo 使用 Python 建立起全球范围的站点群。

（14）迪士尼使用 Python 制作动画。

1.2.4　Python 的版本

Python 是开源项目的优秀代表，其解释器的全部代码都是开源的。Python 语言的官方网站是 https:// www.python.org/，可以在这个网站自由下载。

2000 年 10 月，Python 2.0 正式发布，开启了 Python 广泛使用的新时代。2010 年，Python 2.x 系列发布了最后一个版本，主版本号是 2.7，终结了 2.x 系列版本的发展。

2008 年 12 月，Python 3.0 正式发布。这个版本的 Python 在语法层面和解释器内部做了很大的改进，解释器内部采用面向对象的方式实现。因为这个原因，导致 Python 3.0 系列版本的代码无法向下兼容 Python 2.0 系列的语法。本书以 Python 3.5 版本为例进行讲解。

 # 1.3　Python 安装和运行环境

Python 是一种面向对象的程序设计语言，它的每一条指令都是通过解释方式运行。Python 语言是一种开源代码，全世界的程序设计爱好者都在不断地贡献自己的程序代码，因此有越来越多的资源可免费提供。

1.3.1　下载安装

首先，在 Python 的官方网站下载 Python 的解释器；其次，确定运行环境，主要包括操作系统类型和操作系统位数。

1. 选择操作系统

（1）下载时，选择主页面上的 Download，然后在下面的提示框内选择要下载的版本，如图 1-4 所示。拖动右边滑块，选中自己需要的版本，单击后打开图 1-5 所示的 Files 界面。

Release version	Release date		Click for more
Python 3.5.6	2018-08-02	⬇ Download	Release Notes
Python 3.4.9	2018-08-02	⬇ Download	Release Notes
Python 3.7.0	2018-06-27	⬇ Download	Release Notes
Python 3.6.6	2018-06-27	⬇ Download	Release Notes
Python 2.7.15	2018-05-01	⬇ Download	Release Notes
Python 3.6.5	2018-03-28	⬇ Download	Release Notes
Python 3.4.8	2018-02-05	⬇ Download	Release Notes

Looking for a specific release?
Python releases by version number:

图 1-4　选择版本

Files　操作系统类型

Version	Operating System	Description	MD5 Sum	File Size	GPG
Gzipped source tarball	Source release		41b6595deb4147a1ed517a7d9a580271	22745726	SIG
XZ compressed source tarball	Source release		eb8c2a6b1447d50813c02714af4681f3	16922100	SIG
macOS 64-bit/32-bit installer	Mac OS X	for Mac OS X 10.6 and later	ca3eb84092d0ff6d02e42f63a734338e	34274481	SIG
macOS 64-bit installer	Mac OS X	for OS X 10.9 and later	ae0717a02efea3b0eb34aadc680dc498	27651276	SIG
Windows help file	Windows		46562af86c2049dd0cc7680348180dca	8547689	SIG
Windows x86-64 embeddable zip file	Windows	for AMD64/EM64T/x64	cb8b4f0d979a36258f73ed541def10a5	6946082	SIG
Windows x86-64 executable installer	Windows	for AMD64/EM64T/x64	531c3fc821ce0a4107b6d2c6a129be3e	26262280	SIG
Windows x86-64 web-based installer	Windows	for AMD64/EM64T/x64	3cfdaf4c8d3b0475aaec12ba402d04d2	1327160	SIG
Windows x86 embeddable zip file	Windows		ed9a1c028c1e99f5323b9c20723d7d6f	6395982	SIG
Windows x86 executable installer	Windows		ebb6444c284c1447e902e87381afeff0	25506832	SIG
Windows x86 web-based installer	Windows		779c4085464eb3ee5b1a4fffd0eabca4	1298280	SIG

图 1-5　下载文件安装包

此时，选择与所用计算机一样的操作系统。苹果机型用户选择图 1-5 中左侧第二列中含 Mac OS X 字样的，微软的要选择 Windows。

（2）确定操作系统是 32 位的还是 64 位的。图 1-5 中左边第一列中含有 64 的就是 64 位的操作系统，余下的是 32 位。

Windows10 中，如果想了解所用计算机的操作系统位数，可以右击桌面上的"此电脑"，在弹出的快捷菜单中选择"属性"命令，打开"系统"窗口，如图 1-6 所示。图中矩形框内就是计算机操作系统的字长，本例中是 64 位。

（3）选择安装文件。各安装包的含义如下：

① 含 x86 的适合 32 位操作系统；含 x86-64 的适合 64 位操作系统。

图 1-6 "系统"窗口

② web-based installer：需要通过联网来完成安装。

③ executable installer：可执行文件 (*.exe) 方式安装。

④ embeddable zip file：嵌入式版本，可以集成到其他应用中。

本书选择 executable installer 文件进行下载。如果操作系统是 Linux，那么下载含有 .tgz 字样的文件。

2. 安装 Python

成功下载安装包后，双击安装文件（扩展名为 .exe 的文件），然后按照提示一步一步安装即可。这里以 Windows 的 Python 3.5 版为例，其安装过程如图 1-7 所示。

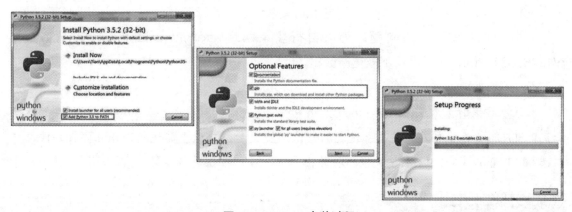

图 1-7 Python 安装过程

下载好 Python 安装包后，双击即可开始安装。

安装过程中注意选择 Add Python 3.5 to PATH 和 pip。

建议安装时，将图 1-7 中间图中的选项全部勾选上。在安装 Python 过程中有可能会打开报错对话框（见图 1-8），从而导致安装失败 Setup Fail，如图 1-9 所示。

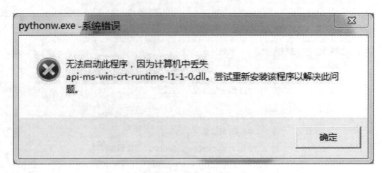

图 1-8　报错对话框

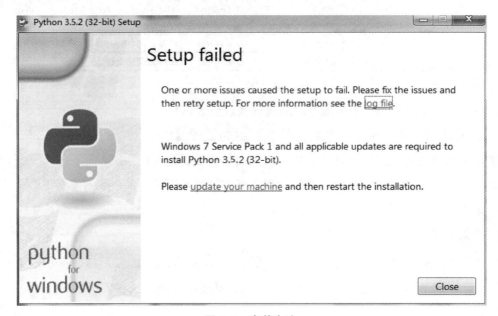

图 1-9　安装失败

要解决图 1-8 所示的问题，可以自行登录网址 https://www.cnblogs.com/cjnblog/p/11469371.html，按照提示下载更新数据。

⏻ 温馨提示：

如果在安装时未勾选Add Python 3.5 to PATH复选框，就要手动将python.exe所在的路径加到PYTH环境变量中。如果不知道怎么修改环境变量，建议重新运行Python安装文件，并勾选Add Python 3.5 to PATH复选框，再单击"下一步"按钮进行安装。

1.3.2　运行环境

1. 启动 Python

单击左下角的⊞（Windows10 的图标）按钮，在打开的项目中找到 Python 3.5 并单击，打开图 1-10 所示的界面中选择 IDLE（Python 3.5 64-bit）。

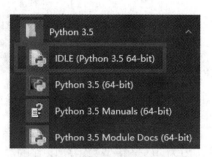

图 1-10　启动 Python 的 IDLE

打开图 1-11 所示的 Python 3.5.2 Shell 窗口。

```
Python 3.5.2 Shell                                                    —   □   ×
File  Edit  Shell  Debug  Options  Window  Help
Python 3.5.2 (v3.5.2:4def2a2901a5, Jun 25 2016, 22:18:55) [MSC v.1
900 64 bit (AMD64)] on win32
Type "copyright", "credits" or "license()" for more information.
>>> |
                                                                     Ln: 3  Col: 4
```

图 1-11　Python 3.5.2 Shell 窗口

2. Python 程序编辑的方法

编写 Python 程序有如下 3 种方法：

（1）在记事本等编辑器中编写。在记事本中写代码时，要遵照 Python 的语法格式，保存时，要注意将文件的扩展名设置为 .py。例如，文件名 hello.py。

（2）用 Python 自带的编辑器编写。在图 1-11 所示窗口中通过【Ctrl+N】组合键打开一个新窗口，输入代码并保存。

（3）用 PyCharm 等第三方工具编写。

3. IDLE 环境与执行方式

打开 Python 的集成开发环境 IDLE 后，进入图 1-11 所示的窗口。在此窗口中的 >>> 后面输入 Python 命令。

例1-1 Python 命令示例 1。

```
>>> 3+4
7
```

上面的3、4是常量，类型是整型；而7是3+4的计算结果。

例1-2 Python 命令示例 2。

```
>>> 6/2+8/4
5.0
```

上面的6、2、8、4是常量，类型是整型；5.0是6/2+8/4的计算结果，类型是浮点。

温馨提示：

① 数学公式中的除号在Python中用/来替代。

② 在Python中，除法运算后的结果是一个小数（Python中称为浮点数）。即使被除数能被除数整除，其结果也是浮点数。

例1-3 下面的 a 是变量，因为 10 是整型数，所以 a 的类型是整型。

```
>>> a=10
>>> a
10          ←———— 10是变量a中存放的数据
```

说明：上面的 a 是一个变量名（与中学数学一样，表示变量的名称）；a=10 表示将整数 10 存放在一个名称为 a 的变量里。

上述 3 个案例在 Python 的 IDLE 中操作结果如图 1-12 所示。

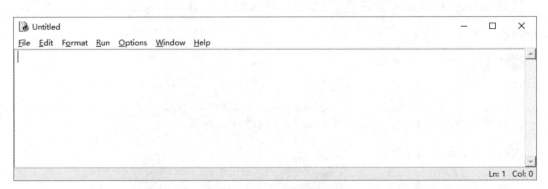

图 1-12 案例截图

在 Python 的 IDLE 环境下，除了单行命令方式外，还可以开启编辑器的方式。具体过程如下：在图 1-11 所示的窗口中选择 File → NewFile 命令或者按【Ctrl+N】组合键打开 IDLE 编辑器窗口，如图 1-13 所示，在该窗口中输入所有代码；然后选择 File → Save 命令保存文件（将其保存成一个扩展名为 .py 的文件）；最后选择 Run → RunModule 命令运行该文件。

图 1-13 IDLE 编辑器窗口

1.3.3　第一个 Python 程序

Python 在 IDLE 环境中提供的自动缩进、语法高亮度显示、保留字（或关键字）颜色突出显示等很多特性，对有效地提高程序的编写效率提供了保证。

下面通过一个案例，具体介绍上述特性在编程中提供的帮助。在登录手机银行时，往往都需要输入密码。如果密码不对，将显示"密码错误"。现在就编写代码来实现这个功能。参考代码如图 1-14 所示。

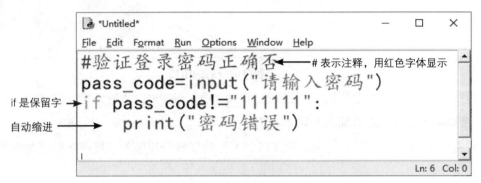

图 1-14　参考代码

图 1-14 中的代码有红色、绿色、橘黄色和紫色之分。不同的颜色表示不同的语法，即语法高亮度显示。默认时，注释显示为红色，字符串显示为绿色（双引号括起来的），保留字（关键字）显示为橘黄色，内置函数名显示为紫色（print）。

Python 中语法高亮度显示的优势如下：

（1）可以更容易地区分不同的语法元素，从而提高可读性。例如，如果输入的变量名显示为橘黄色或紫色，就说明该名称与预留的保留字（关键字）或函数名存在冲突，就必须更换变量的名称。

（2）对于 while、for、if 等语句，在结尾处的冒号后按【Enter】键，IDLE 就会自动缩进，这保证了编写代码时不出错。一般情况下，IDLE 自动缩进一级是 4 个空格。

1.3.4　运行 Python 程序

当 Python 程序的设计、编写完成后，就可以运行它看看结果是不是预期的。代码运行之前，先选择 File → Save 命令或按【Ctrl+S】组合键保存文件，如保存为 test.py。在图 1-14 所示窗口中，选择 Run → Run Module 命令或按功能键【F5】运行程序。程序运行结果如图 1-15 所示。

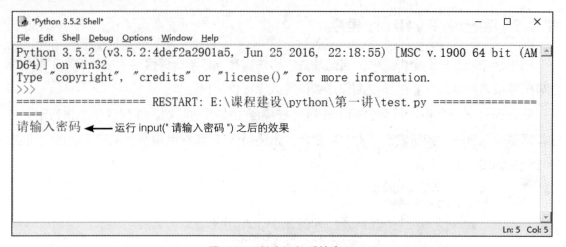

图 1-15　程序运行后的窗口

窗口中显示"请输入密码"，这是执行 pass_code=input(" 请输入密码 ") 的效果。信息"请输入密码"就是 input 后面的字符串。

这时在"请输入密码"右侧输入除 111111 外的任意一串字符，程序运行结果如图 1-16 所示。

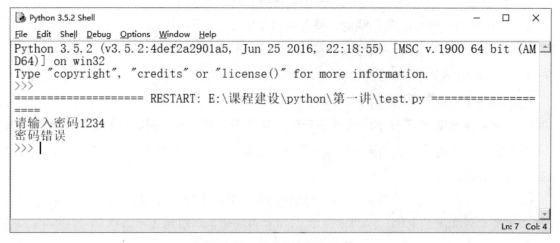

图 1-16　程序代码执行结束

1.3.5　错误与异常

在代码编写的过程中，难免会出现拼错保留字或者写错代码的情况。不过，因为 Python 强大的语法查错功能，可以快速地检测到常见的错误，并详细显示异常信息。这样，就可以很快地定位到出现问题的地方，并进行修改。

Python 中，每一种错误异常发生时，都是用红色字体显示在窗口中。发生的异常都对应一个类，常见的异常类如表 1-1 所示。

表 1-1　常见的异常类

异 常 类	描 述
SyntaxError	语法错误
TypeError	类型错误
NameError	尝试访问一个没有定义的变量名
ZeroDivisionError	除数为 0
IndexError	索引超出序列范围
KeyError	请求一个不存在的字典关键字
IOError	输入 / 输出错误
ValueError	传给函数的参数类型不正确
AttributeError	尝试访问未知的对象属性

1. SyntaxError（语法错误）

当代码的拼写和文法规则出现错误时，显示该信息。此时，意味着输入的内容不符合 Python 的语法规则，如图 1-17 所示。

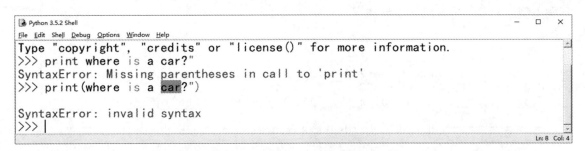

图 1-17　语法错误

图 1-17 中，红色字体显示的是错误类型及错误原因。本案例的错误原因是：print 丢失了括号。需要在 print 后边加圆括号，添加括号后按【Enter】键，显示如图 1-18 所示。

```
Python 3.5.2 Shell                                              —  □  ×
File  Edit  Shell  Debug  Options  Window  Help
Type "copyright", "credits" or "license()" for more information.
>>> print where is a car?"
SyntaxError: Missing parentheses in call to 'print'
>>> print(where is a car?")

SyntaxError: invalid syntax
>>> |
                                                              Ln: 8 Col: 4
```

图 1-18　语法错误：左右引号应该成对

此时还是报错，原因是 print 后面 where 前面丢了一个引号。添加引号后，再运行窗口中不再报错，显示 "where is a car?"，如图 1-19 所示。

```
Python 3.5.2 Shell                                                    —    □    ×
File  Edit  Shell  Debug  Options  Window  Help
Python 3.5.2 (v3.5.2:4def2a2901a5, Jun 25 2016, 22:18:55) [MSC v.1900 64 bit (AM
D64)] on win32
Type "copyright", "credits" or "license()" for more information.
>>> print where is a car?"
SyntaxError: Missing parentheses in call to 'print'
>>> print(where is a car?")

SyntaxError: invalid syntax
>>> print("where is a car?")
where is a car?
>>>
                                                                        Ln: 10  Col: 4
```

图 1-19　执行 print 获得正确结果

2. TypeError（类型错误）

表示对象类型不一致。例如，设计一个输出程序，文件名为 test.py，代码如图 1-20 所示。选择 Run → Run Module 命令或按功能键【F5】，运行代码。

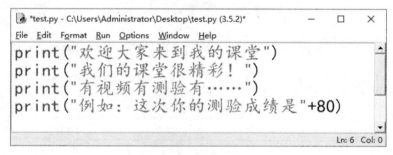

图 1-20　输出数据

程序运行结果如图 1-21 所示，出错语句是：print(" 例如：这次你的测验成绩是 "+80)。因为 " 例如：这次你的测验成绩是 " 是字符串，而 80 是整型数，运算符 "+" 的前后是两个不同类型的对象，导致出现类型错误。

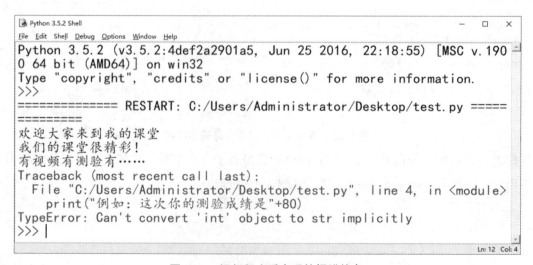

图 1-21　运行程序后出现的报错信息

在 Python 中不能将两个完全不同类的东西放在一起，如整数（int）和字符串（str）。Python 中的 " 例如：这次你的测验成绩是 " + 80，就像是在说日常生活里 " 5 个苹果和 3 只鳄鱼相加等于多少？" 一样的问题。

那上面的错误怎么修改呢？答案就是将这两个对象的类型转换成一样的。例如，将后面的 80 转换成字符串，如图 1-22 所示。

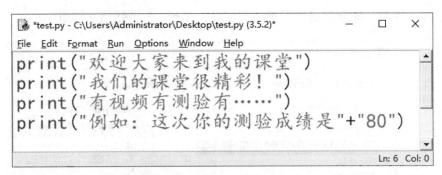

图 1-22　编辑 py 文件的窗口

保存、运行这个文件后，就不会再出现报错信息，获得正确结果，如图 1-23 所示。

```
Python 3.5.2 Shell                                                    —  □  ×
File  Edit  Shell  Debug  Options  Window  Help
Python 3.5.2 (v3.5.2:4def2a2901a5, Jun 25 2016, 22:18:55) [MSC v.1900 64 bit (AM
D64)] on win32
Type "copyright", "credits" or "license()" for more information.
>>>
============== RESTART: C:\Users\Administrator\Desktop\test.py ==============
欢迎大家来到我的课堂
我们的课堂很精彩！
有视频有测验有……
Traceback (most recent call last):
  File "C:\Users\Administrator\Desktop\test.py", line 4, in <module>
    print("例如：这次你的测验成绩是"+80)
TypeError: Can't convert 'int' object to str implicitly
>>>
============== RESTART: C:\Users\Administrator\Desktop\test.py ==============
欢迎大家来到我的课堂
我们的课堂很精彩！
有视频有测验有……
例如：这次你的测验成绩是80
>>>
                                                                  Ln: 18  Col: 4
```

图 1-23　正确运行结果

1.3.6　代码书写要求

虽然 Python 语言是计算机语言，但它与人类语言一样也是有书写要求的。第一个规范就是缩进对齐，因为 Python 语言的代码是按照缩进对齐来划分语句块。为了能够增强程序代码的可读性，适当地添加注释信息是一个良好的习惯。

1. 缩进对齐

Python 程序依靠代码块的缩进来体现代码之间的逻辑关系，缩进结束就表示一个代码块的结束。同一个级别的代码块的缩进量必须相同。

如果要调整缩进字符个数，可以在 IDLE 编辑器（见图 1-22）中选择 Options → Configure IDLE 命令，打开图 1-24 所示的对话框，并在 Font/Tabs 选项卡下对编辑器窗口中显示的字体、字号、制表位进行设置。完成后，单击 Ok 按钮结束调整。

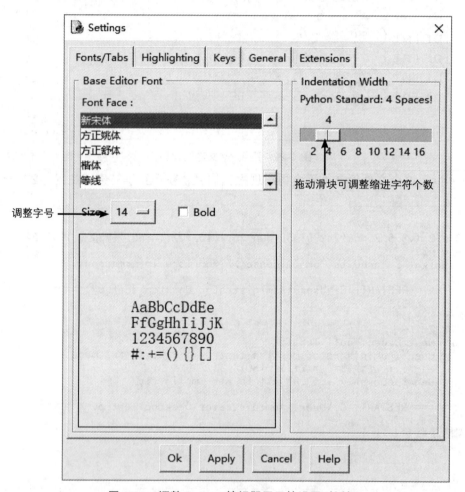

图 1-24　调整 Python 编辑器显示的设置对话框

如果要调整编辑器窗口的编辑环境，如调整 IDLE 编辑器的前景、背景、高亮显示的字体颜色，那么选择 Highlighting 选项卡。如果选择 Python 提供的方案，那么单击图 1-25 右边的 IDLE Classic 右侧按钮，在打开的项目中选择 IDLE Dark，左侧下面的预览窗口中显示该方案效果，如图 1-26 所示。

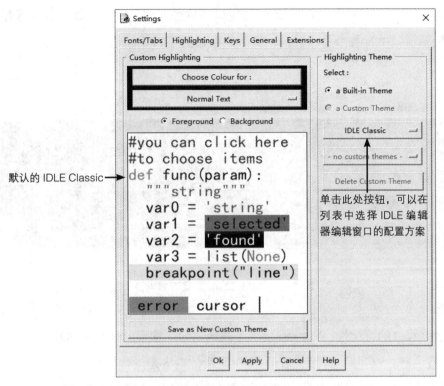

图 1-25　调整 IDLE 编辑器窗口的显示方案——IDLE Classic

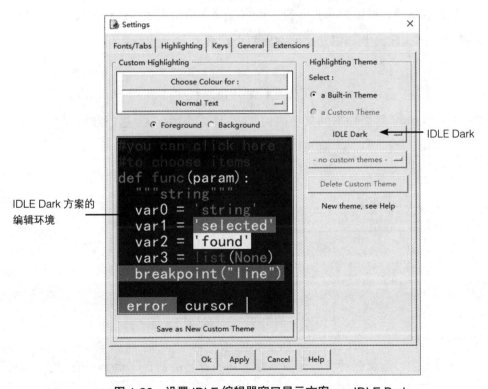

图 1-26　设置 IDLE 编辑器窗口显示方案——IDLE Dark

选择 IDLE Dark 方案后，IDLE 编辑器窗口中背景、高亮显示字体的颜色等都会发生改变。此时编辑窗口中背景色是深蓝色，具体效果如图 1-27 所示。

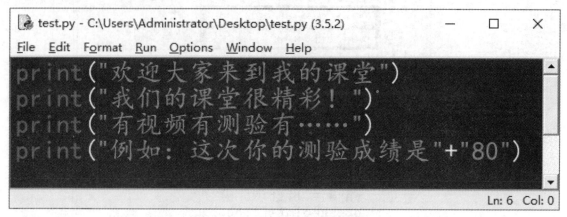

图 1-27　IDLE Dark 方案的编辑器

2. 注释

为了增强程序的可读性，Python 提供了注释语句。常用的注释有两种：

(1) 单行注释。以"#"开始，表示"#"之后的内容是注释信息。

(2) 多行注释。用一对三引号（即三个单引号）将注释信息括起来。

以"#"开始的注释，可以是单独一行。也可以写在语句后面，这种注释称为行内注释。如果是行内注释，那么建议 # 与语句之间空出两个空格。

3. 多行语句

Python 中，如果一行语句太长，可以在行尾用反斜杠"\"来续行。

图 1-28 中所示 print 后面输出的文字很长，所以在行尾用"\"进行续行。

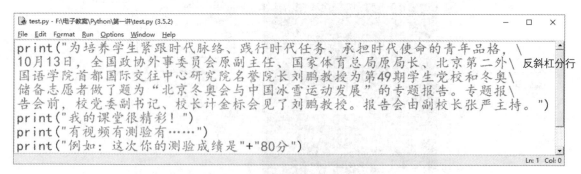

图 1-28　用反斜杠进行分行

4. 空格与空行

在 IDLE 编辑器中，运算符两侧、函数参数之间的逗号两侧，Python 一般都会自动添加空格。

对于不同功能的代码块之间、定义不同子函数时，都建议至少增加一个空行来提高程序代码的可读性。

1.4　程序编写的基本方法

通过 Python 的 IDLE 编辑器可以编写 Python 程序，但设计、编写程序对初学者来讲还是有困难的。初学者可以按照 IPO 模式进行设计、编写代码。

（1）I：Input，输入，包括文件输入、网络输入、用户手动输入等。输入是程序的开始，解决数据的输入问题。

（2）P：Process，处理过程，是程序的逻辑部分，也是核心部分。这是对输入进行处理产生输出结果的过程，这个过程也称算法，是程序设计中最重要的部分。

所谓计算机程序设计，简单地说就是告诉计算机要做什么。计算机可以做很多事，但不太擅长自主思考与设计，需要人们告诉计算机具体的操作过程，并且用计算机能够理解的语言对其进行描述（这就是算法）。简言之，"算法"是对如何做某事的一份详细描述，是对解决问题的"过程"进行详细描述。

（3）O：Output，输出。程序的输出部分，可以是文件输出、网络输出、打印输出等，是程序结果的体现。

例如，现在要计算圆面积，解题过程是：先要知道圆半径是多少，再通过公式进行计算，最后输出计算结果。

① Input：输入圆半径。

② Process：计算。

③ Output：输出计算结果。

（1）分析。

① Python 中编写代码时，大写字母和小写字母是两个不同变量名。这里用 r 来代表圆半径。

② Python 中没有圆周率符号 π，所以用变量 pi 来表示。

③ 在 Python 中，公式 πr^2 被描述成 pi*r*r。

④ 假设用 s 表示圆面积，那么将 pi*r*r 的计算结果存放到 s 中。

⑤ 输出圆面积。

（2）设计代码。

假设要计算的圆面积半径是 15 m，那么 Python 代码如图 1-29 所示。

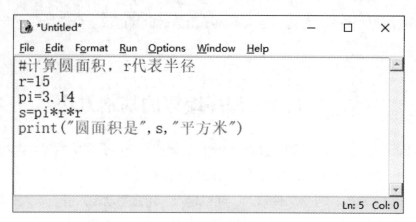

图 1-29　计算圆面积代码

其中，print 是 Python 的输出语句，功能是在窗口中显示括号内表达式的结果。

（3）保存代码。

代码编写完毕后，选择 File → Save 命令或按【Ctrl+S】组合键将编辑窗口中的代码保存好（确定保存文件的位置和文件名）。如图 1-30 所示，文件名是 Area.py，文件被保存在"E:\ 课程建设 \python\ 第一讲"中。

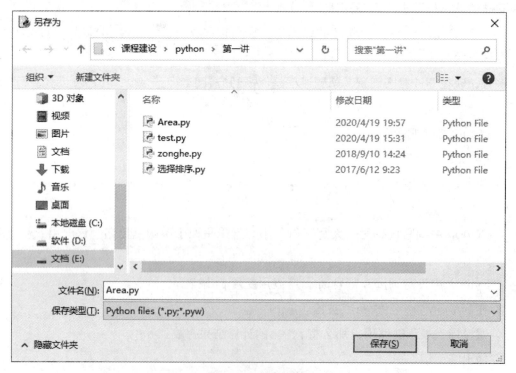

图 1-30　保存文件

（4）调试程序阶段。

代码编写好之后必须要运行，看看输出的结果是不是正确。方法是选择 Run → Run Module 命令，或者按功能键【F5】。如果输出结果达到预期效果，则结束；否则继续在编辑窗口中修改代码，直到输出的结果满意为止。

上面的代码运行后，在窗口显示的结果如图 1-31 所示。

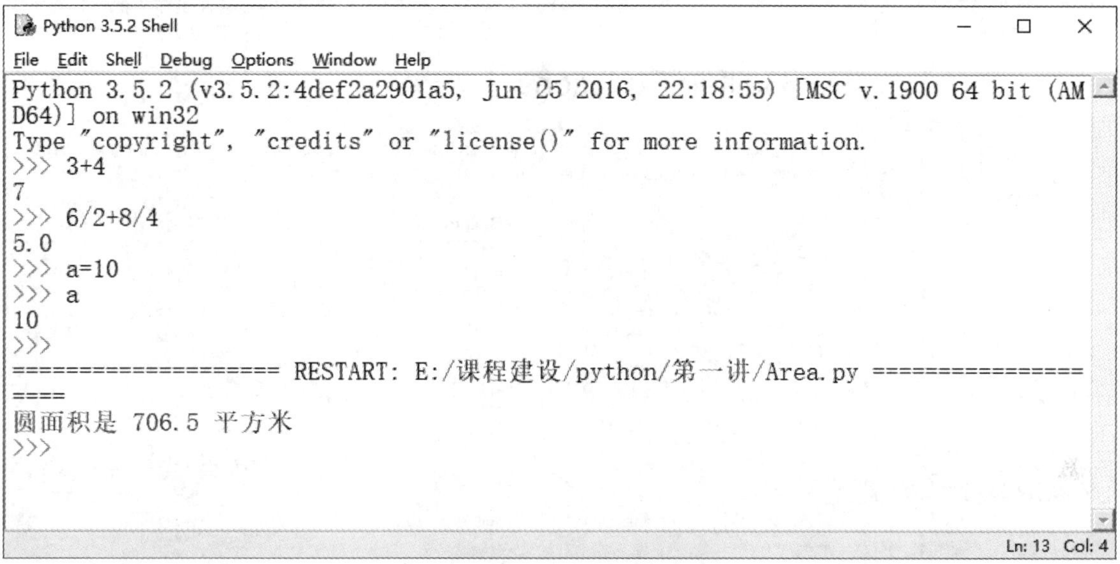

```
Python 3.5.2 Shell                                          —    □    ×
File  Edit  Shell  Debug  Options  Window  Help
Python 3.5.2 (v3.5.2:4def2a2901a5, Jun 25 2016, 22:18:55) [MSC v.1900 64 bit (AM
D64)] on win32
Type "copyright", "credits" or "license()" for more information.
>>> 3+4
7
>>> 6/2+8/4
5.0
>>> a=10
>>> a
10
>>>
==================== RESTART: E:/课程建设/python/第一讲/Area.py ================
====
圆面积是 706.5 平方米
>>>
                                                           Ln: 13  Col: 4
```

图 1-31　运行代码后窗口显示结果

软件开发过程中，免不了会出现这样或那样的错误，其中有语法方面的，也有逻辑方面的。对于语法错误，Python 编辑器能很容易地检查出来，这时它会停止程序的运行并给出错误提示；对于逻辑错误，解释器则无能为力。程序会一直执行下去，但是得到的运行结果却是错误的。这时就需要编程人员读代码，找出代码中的问题，并修改之，再运行，直至获得预期结果。这个过程称为调试。

最简单的调试方法是直接显示程序数据。例如，在所有可疑的地方都插入 print 语句。等程序调试完后，再将这些 print 语句全部清除。

1.5　帮助系统

编程过程中遇到问题或难题时，可以借助 IDLE 环境中 Help 菜单项或者按功能键【F1】，或者在 >>> 后面输入 help(对象名) 来获取帮助信息。

例如，想了解与 int() 函数相关的功能，可以按功能键【F1】打开帮助窗口，如图 1-32 所示。再在"搜索"框内输入 int，在下面显示的内容中选择函数，右侧窗口中显示所有内置函数。其中就包含 int() 函数，然后单击 int() 跳转到有关该函数的内容介绍。

当然，也可以按照下面的命令来查看 int() 函数的所有方法。

```
>>> help(int) #获取内置函数int()的功能
```

窗口中将显示与 int() 函数有关的信息。

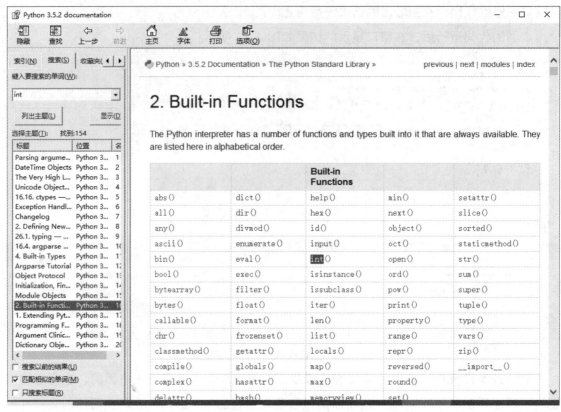

图 1-32　帮助窗口

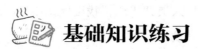 **基础知识练习**

1. 计算机程序设计语言分为三大类，分别是（　　　）、（　　　）、（　　　）。

2. 高级语言编写的计算机程序，运行方式有（　　　）和（　　　）两种。

3. Python语言是一种（　　　）的（　　　）型高级语言。

4. Python中，以（　　　）开始表示单行注释语句，多行注释以一对（　　　）表示；以（　　　）来划分语句块。

操作实践

1.下载安装Python：请在自己的计算机上下载并安装Python 3.X版本。

2.使用Python自带的集成开发环境IDLE来运行代码。

（1）使用Shell交互方式。

编写代码完成：计算边长为10的正方形的面积和周长，并在窗口中显示计算结果。

（2）使用文件执行方式。

利用IDLE编辑器输入下面代码，保存到D盘Python文件夹中，文件名为test.py。然后运行该文件，观察结果。

```python
from turtle import *
color('red', 'yellow')
begin_fill()
while True:
    forward(200)
    left(170)
    if abs(pos())<1:
        break
end_fill()
done()
```

将上面left(170)换成left(144)，观察代码运行的结果有什么变化。

3.使用Python提供的交互帮助系统。

（1）在IDLE的Shell环境下，输入help()，按【Enter】键，在打开的窗口中仔细阅读文字信息。

（2）在help交互系统中输入modules，按【Enter】键，在打开的窗口中显示了所安装的Python对应版本中的所有的内置模块（也称标准库）。

（3）在help交互系统中输入keywords，按【Enter】键，在打开的窗口中显示了所安装的Python版本中所有的关键字（也称保留字，默认情况下在IDLE中关键字用橘黄色高亮度显示）。

（4）在help交互系统中输入turtle，按【Enter】键，在打开的窗口中显示turtle模块的所有相关信息。

（5）在help交互系统中输入turtle.forward，按【Enter】键，在打开的窗口中显示turtle模块中forward()方法的帮助信息。其他turtle的方法可参考forward的方法来了解具体的功能和使用方法。

（6）在help交互系统中输入quit，按【Enter】键，退出help交互系统，返回IDLE的Shell交互界面（或直接按【Enter】键，也可以退出help交互系统）。

4.使用Python帮助文档

在IDLE的Shell交互式窗口或文件式窗口中，选择Help→Python Docs命令（或者按功能键【F1】），打开Python帮助文档。Python支持4种查询：目录、索引、搜索、收藏。为了快速定位，可以用索引和搜索两种方法。

例如，打开帮助文档窗口，在"键入要搜索的单词"文本框中输入turtle，最后单击"列出主题"；再在下面主题中选择一项，如turtle（module），右边窗口中就会显示与之相关的帮助内容，如图1-33所示。

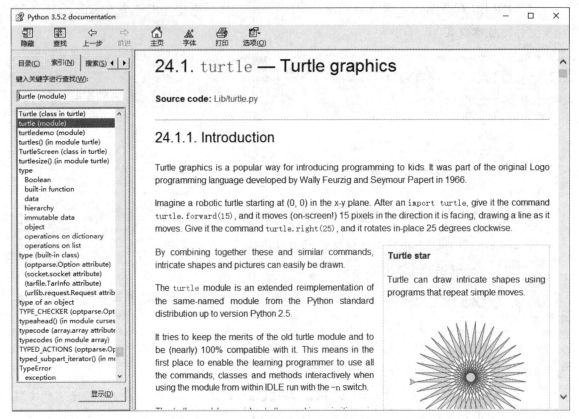

图 1-33　帮助窗口

第2章
认识Python

在第 1 章中，介绍了 Python 的 Shell 交互环境和代码文件的设计、保存、运行过程。本章通过解决生活中的问题,按照交互、IPO模式来编写小程序,介绍Python中的基础知识:对象、标识符、基本数据类型。

学习目标

- 掌握 Python 语言中数据的种类、表示方式。
- 掌握 Python 中基本运算符的功能和使用。
- 掌握 Python 中基本的输入 / 输出方法。
- 掌握 Python 中 math 库的用法。
- 编写简单的基本程序。

2.1 类和对象

Python 是一种面向对象的程序设计语言，类和对象是面向对象程序设计的两个核心概念。其中，类是对一类事物的抽象描述。类是具有相似特征和行为事物的集合。例如，笔记本电脑是一个类，而联想、惠普、苹果等就是对象。简言之，类描述的是同一类型事物，而每一个具体的事物就是对象。要定义一个类，需要从两个方面完成：

（1）属性：特征。例如，一个人的属性有姓名、性别、身高等。

（2）行为：方法，即做什么。就是对象可以完成什么样的操作。

在 Python 中，一个对象的特征称为对象的属性，一个对象的行为称为对象的方法。把具有相同特征和行为的事物归为一"类"，用 class 表示，如人类、爬行类、计算机类等。

类的定义用 class 实现，格式如下：

```
class 类名(父类):          #使用class定义类
```

```
属性名=属性值              #定义属性
def 对象名(参数表):        #方法
    方法体
```

class 关键字后面是类的名称,如果类继承来自某一个父类,则将父类写在括号中。

定义类之后,如果要使用对象,可以通过下面语句创建对象:

```
对象名=类名()
```

例如下,就是创建一个类:

```
class calu(object):    #定义类
    def s_1(self):     #定义方法
        print("hello")
```

类定义好之后,就可以创建对象和调用定义的方法。代码如下:

```
c=calu()       #创建一个c对象
c.s_1()        #通过c对象调用s_1()方法
```

运行后,在 IDLE 交互环境中的窗口中显示:

```
Hello
```

有关类、对象定义的方法,不再深入讲解。

事实上,Python 支持直接创建对象,并为每个对象确定身份、类型和对应的值。例如,['a','ab',10,20,33.3] 是一个列表对象,类型是列表,值是 ['a', 'ab',10,20,33.3]。

2.1.1　创建对象

Python 中,借助赋值语句可以创建一个对象,格式如下:

```
变量名=<表达式>
```

功能:创建一个变量名对象,其类型取决于表达式的类型。

例 2-1　创建一个对象,名称是 x,值是 12.34,类型是浮点数。

参考代码如下:

```
>>> x=12.34
```

Python 还可以通过输入语句 input 来动态地创建对象。例如,前面介绍过的计算圆面积的案例代码如图 2-1 所示,其中 r=15 表示创建一个对象 x,值是 15,整型。

上面的代码只能计算半径是 15 m 的面积,如果要计算半径是 120 m 的圆面积,那么这个代码就无法满足要求,所以其通用性差。我们将上面的代码 x=15 调整一下,修改为 input,如图 2-2 所示。

运行后,窗口中显示如图 2-3 所示。此时可以在"输入圆半径"后面输入半径的值,如本例输入 120,按【Enter】键后,窗口中显示计算结果"圆面积是 45216.0 平方米",如图 2-4 所示。

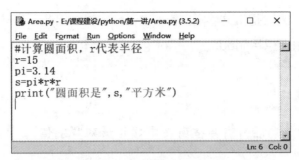

图 2-1　计算半径为 15 m 的圆面积的程序代码

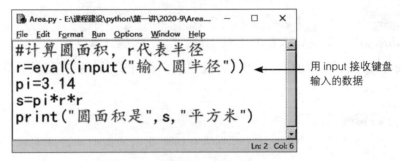

图 2-2　计算半径为任意值的圆面积代码

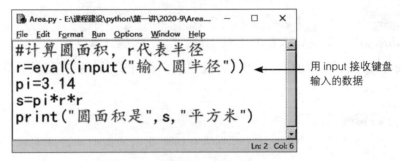

图 2-3　运行代码后的窗口

图 2-4　输入半径为 120 后显示计算结果的窗口

上面程序运行后，将 120 赋值给变量 r，窗口中显示的值是半径为 120 m 的圆面积值；如果这时想计算半径是 56 m 的圆面积，那么可以再次运行上述程序，并在窗口中输入 56，按【Enter】键确认后，窗口中显示的结果就是半径 56 m 的圆面积。

从上面的讲解中，大家是不是感觉 input 灵活性很强？因此，当某个对象的值每次运行时给一个新值时，可以考虑用 input。

2.1.2　输出对象

上面的对象创建成功后，需要在窗口中显示该对象的值，Python 提供了一个函数 print()。

格式如下：

```
print(表达式1[,表达式2,…])
```

功能：在窗口中显示表达式 1、表达式 2……的计算结果。

例如，图 2-2 中的 print 语句，就是将面积计算后的结果输出，效果就是图 2-4 中显示的内容。

🖐 温馨提示：

print()函数格式中表达式1后面的中括号表示后面的项是可选项。如果表达式有两个或两个以上，那么表达式间用逗号分隔。

 ## 2.2　标识符和保留字

现实生活中，人们常用名字来标记事物。例如，蔬菜有西红柿、茄子、辣椒、黄瓜等，水果有香蕉、梨、苹果、猕猴桃等。同理，在 Python 中为了标识一些事物，需要编程人员定义一些符号和名称，这些符号和名称就是标识符。前面的半径 r、pi 和 s 都是变量名，它们都是标识符。

2.2.1　标识符

Python 中的标识符由字母、数字和下画线组成，其命名方式遵循以下原则：

（1）标识符由字母、数字和下画线构成，并且不能以数字开头。例如，Good、we、m1、_m1、_1m 都是合法的标识符，而 1m（以数字开头）不是合法的标识符。

（2）标识符不能用系统的保留字。例如，if、for、while 等都不是合法的标识符。

（3）Python 中的标识符区分大小写。例如，An 与 an 是两个不同的标识符。

Python 3.x 版本的系统，默认的编码是 UTF-8，所以允许用汉字作为标识符。

🖐 温馨提示：

除了上面的要求外，建议大家在定义标识符时遵循以下两个原则：

① 见名知意。

② 用小写字母和下画线来命名。

2.2.2　保留字

Python 中，一些具有特殊功能的标识符称为保留字。保留字是 Python 语言预先定义的、不允许开发者使用的标识符。开发者在开发程序时，不能用保留字作为标识符给变量、函数、类、模板及其他对象命名。

Python 中，查阅系统保留字的方法是在 ">>>" 的右侧输入 help() 并按【Enter】键进入帮助系统，再在 help> 后输入 keywords 并按【Enter】键来查看所有的保留字列表，如图 2-5 所示。如果查看系统保留字后想退出 help，那么输入 quit 并按【Enter】键或直接按【Enter】键即可。

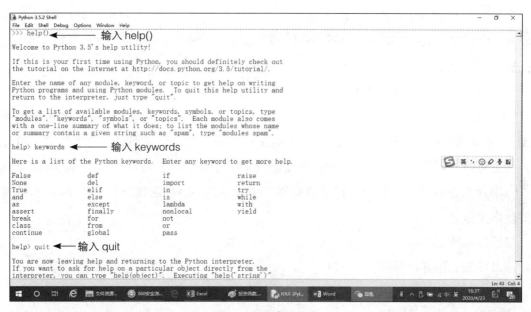

图 2-5　系统保留字

可以将窗口中显示的保留字复制粘贴过来，然后转换成表格，结果如表 2-1 所示。

表 2-1　Python 3.5 系统的 33 个保留字

False	def	if	raise
None	del	import	return
True	elif	in	try
and	else	is	while
as	except	lambda	with
assert	finally	nonlocal	yield
break	for	not	
class	from	or	
continue	global	pass	

2.3 常用的数据类型

生活中，我们会遇到各式各样的信息和数据，如自然数、负数、小数、文本、图形图像、视频、音频等。所有这些数据都会被存储在计算机中，并且不同类型的数据会以不同的方式存储和操作。如果违反了 Python 的规则，那么会有报错信息显示。

2.3.1 数字

表示数字或数值的类型称为数字类型。Python 语言中数字类型有整数、浮点数和复数，分别对应中学数学中的整数、实数和复数。

例2-2 学生经过一个学期课程学习后，期末分数由 4 部分构成：考勤 + 平时作业的分数占 30%，平时测试分数占 20%，期末大作业的分数占 20%，期末考试分数占 30%。现在要设计一个程序完成：根据输入一名学生的四项成绩，计算该生的期末总评分数。

分析：

（1）需要引用 4 个变量来保存上面 4 项所对应的分数。

（2）每一个学生的分数都是不同的，所以这 4 项都不是一个固定的值（也就是说不是常量），需要设计一个语句来接收这 4 项分数（程序运行后，再根据每一位学生的分数分别输入给上面的 4 项）。这种情况应考虑用 input 来获取，因为只有 input 语句具有这样的特征。

（3）因为输入的分数是要进行数值运算，所以要用 eval() 函数将 input() 输入的数据转换成数字类型。

最后按照比例 0.3、0.2、0.2、0.3 计算总评分数。

参考代码如图 2-6 所示。

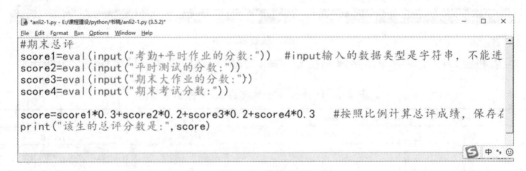

图 2-6　参考代码

运行图 2-6 所示的代码后，在 Python 交互窗口中显示的提示信息右侧输入学生的分数，并按【Enter】键。在图 2-7 所示窗口中依次输入 89，按【Enter】键；86，按【Enter】键；90，按【Enter】键；76，按【Enter】键。

最后一行显示"该生的总评分数是：84.7"。

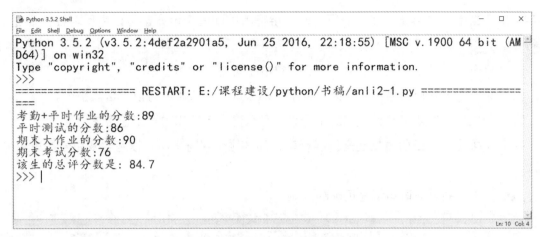

图 2-7　运行后效果

上面例子中的 89、86、90、76 在 Python 中是整数，而 0.2、0.3 是浮点数。Python 除了整数、浮点数外，还有复数类型。

1. 整数

Python 中，整数类型分为十进制的整数、八进制整数（以 0o 开头）、十六进制整数（以 0x 开头）、二进制整数（以 0b 开头）。

2. 浮点数

浮点数类型与数学中实数的概念一样，表示带有小数的数值。Python 要求所有浮点数必须有小数部分，小数部分可以是 0，这种设计是为了区分整数类型和浮点数类型。

Python 中，浮点数的表示方法有两种：科学记数法和十进制表示。例如，下面的数字都是浮点数：84.7、0.3、-3.0、2.7e12、5.0e-10。

上面 2.7e12 和 5.0e-10 是科学记数法，其中字母 e 或 E 作为幂的符号，以 10 为基数。例如，2.7e12 实际表示的是 2.7×10^{12}，而 5.0e-10 实际表示的是 5.0×10^{-10}。

在 Python 中，浮点数 0.0 和整数 0 的值相同，但它们在计算机内部表示不同。

3. 复数

复数类型与数学中的复数是一样的，由实部和虚部组成。Python 中，复数的虚部部分通过后缀 j 或 J 来表示，如 3+4j。

复数类型中的实部和虚部的数值都是浮点数。

2.3.2　字符串

Python 中，数值类型的数据主要用于计算。但实际生活中，我们经常会遇到像文字这样的文本数据，为此 Python 提供了字符串类型。

字符串是字符的序列表示。一般用一对单引号、双引号或三引号括起来的字符序列称为字符串。当字符串超长（多于一行）时，字符串中间任何地方都可以用反斜杠 "\" 进行续行。

（1）只有一对单引号或双引号，没有字符的字符串，称为空串。

（2）如果是一对单引号括起来的字符串，那么这个字符串中可以包含双引号。

（3）如果是一对双引号括起来的字符串，那么这个字符串中可以包含单引号。

（4）如果是一对三引号括起来的字符串，那么这个字符串中可以包含双引号、单引号、换行。

例如，下面的赋值语句都是正确的。

```
>>> str_1="student"    #将字符串：student赋值给str_1
>>> a1="good 'gggg"    #将字符串：good 'gggg赋值给a1，其中单引号是一个字符
>>> a2='good "kkk'     #将字符串：good " kkk赋值给a2，其中双引号是一个字符
```

图 2-8 所示的赋值语句是错误的，错误原因是单引号括起来的字符中含有单引号，所以会显示图 2-8 所示语法错误。

```
>>> a2='good 'kkk'
SyntaxError: invalid syntax
```

图 2-8　语法异常错误

1. 字符串的索引操作

Python 中，字符串中的每个字符在其序列中都有位置号，并且用两种方式表示。从左端开始用 0、1、2……表示，从右端开始用 -1、-2、-3……表示。例如，一个变量 s 中存放了一个字符串 "Python 程序设计 "，那么位置索引如图 2-9 所示。

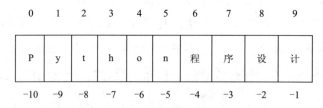

图 2-9　字符串中字符位置索引

字符在字符串中有了位置（index），就可以进行索引和切片操作。所谓的索引操作，就是从字符串中提取单个字符的操作。

格式如下：

```
字符串变量名[index]
```

功能：取出字符串变量名中由 index 指定位置处的一个字符。

例2-3 已知 s="Python 程序设计 "，其索引操作如下：

```
>>> s[7]
'序'
```

```
>>> s[-2]
'设'
```

2. 字符串的切片操作

所谓切片操作，就是从操作对象中截取其中一部分字符的操作。

格式如下：

```
字符串变量名[[起始]:[结束]:[步长]]
```

功能：取出字符串变量名中从"起始"位置开始到"结束"位置前一个位置之间的所有字符（不包括"结束"位置本身）。根据步长值分为两种情况：

（1）当步长值大于 0 时：按照从左到右的顺序，每隔"步长 -1"个字符进行一次截取。此时，"起始"的值应小于"结束"的值，否则返回空字符串。

（2）当步长值小于 0 时：按照从右向左的顺序，每隔"- 步长 -1"个字符进行提取。此时，"起始"的值应大于"结束"的值，否则返回空字符串。

例 2-4 下面代码完成的就是字符串切片操作，结果是 'odk'。

```
>>> a2='good"kkk'
>>> a2[1:7:2]
'odk'
```

在上面案例中，从变量名 a2 所保存的数据的 index 值为 1 开始提取，每隔 1 个提取一个，直到 index 为 6（7-1 的结果是 6）停止，所以结果是 'odk '。

例 2-5 下面代码完成的也是字符串切片操作，结果是 'kkd'。

```
>>> a2='good"kkk'
>>> a2[7:1:-2]
'kkd'
```

上面案例是从变量 a2 所保存的数据中 index 值为 7 开始提取，每隔 1 个提取一个（-（-2）-1），直到 index 值为 2（index 为 1 的前一个）停止，所以结果是 'kkd '。

温馨提示：

如果省略步长值，那么默认步长值为 1。例如，a1= 'good '，执行 a1[1:3] 的结果是 'oo '。

列表和元组两种类型的数据也支持索引和切片操作。

例 2-6 假设变量 s 中存放的数据是 'python 语言程序设计 '，那么其切片操作如下：

```
>>> s[8:]        #从index值8开始，取出后面所有的字符
'程序设计'
>>> s[8:11]      #从index值8开始，取出8~10之间的所有字符
'程序设'
>>> s[:]         #取出所有字符
'python语言程序设计'
>>> s[-6:-2:2]
'语程'
```

说明：s[-6:-2:2]，从 index 值 -6 开始，从左向右隔一个取一个，到 index 值为 -3 停止。

```
>>> s[-2:-6:-2]
'设程'
```

说明：从右侧 index 值 -2 开始，从右向左隔一个取一个，到 index 值 -5 停止。

3. 格式化输出字符串（格式化操作符 %s）

Python 支持格式化字符串的输出，但会用到非常复杂的表达式。最基本的用法是将一个值插入到有字符串格式符的模板中。

```
>>> score=1000
>>> print("我的分数是 %s"%score)
我的分数是1000
```

上面 print() 函数的括号内，""我的分数是 %s"%score"是一个带有格式操作符 %s 的字符串，该字符串后面的 % 表示对字符串进行格式化操作，即把 % 后面的 score 作为真实数据替代 %s。这样的格式化操作符还有很多，当需要用时，可查阅 Python 自带帮助系统中的帮助信息。

4. 转义字符

字符串可以是可见字符，也可以是不可见字符。所谓可见字符，是指可以显示图形的字符，如字母、数字；不可见字符是指不能显示图形仅仅表示某一控制功能的字符，如换行、制表符等。为了解决换行、制表符、换页等这些不可见字符的功能，在 Python 语言中，通过转义符来完成。转义符都是以 "\" 开始，后跟字符或数字，如表 2-2 所示。

表 2-2　转义字符

运 算 符	说　　明
\（在行尾时）	续行符
\\	反斜杠符
\"	双引号
\'	单引号
\n	换行
\t	横向制表符
\f	换页
\000	空值

例如，现在要将 "He said ,"Aren't can't shouldn't wouldn't " 赋值给变量 a1,如何赋值？

上面一句话中既有双引号，又有单引号。如果用赋值语句进行赋值，这句话的前后就不能再用一对双引号或者一对单引号，否则系统会报错。对于这样的问题有两种解决方法：

方法 1：用一对三引号来赋值。

```
>>> a1='''He said ,"Aren't can't shouldn't wouldn't '''
```

方法 2：通过转义符（注意下面赋值语句中有下画线的字符 "\"）进行赋值：

```
>>> a1='He said " Aren\'t can\'t should\'t wouldn\'t'
```

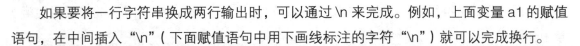

如果要将一行字符串换成两行输出时，可以通过 \n 来完成。例如，上面变量 a1 的赋值语句，在中间插入 "\n"（下面赋值语句中用下画线标注的字符 "\n"）就可以完成换行。

```
>>> a1='He said ," Aren\'t can\'t \n should\'t wouldn\'t'
```

此时，用 print(a1) 后，显示的结果如下：

```
He said ,"Aren't can't
shouldn't wouldn't
```

2.3.3 列表

在 Python 中，字符串（str）、列表（list）和元组（tuple）3 种类型的数据又称序列。序列（sequence）是一组有顺序元素的集合，它可以包含一个或者多个元素，也可以为空。

序列中的每个元素都分配了一个数字，即位置或索引。序列类型的数据不仅可以进行索引、切片（截取）操作，还可以进行连接（运算符是 +）、复制（运算符是 *）、成员检查（运算符是 in 和 not in）。

列表是由一对中括号括起来的数据。列表中的元素，类型可以不同。

列表与字符串不同，列表不仅允许修改列表中的元素，还允许添加、删除元素。

1. 创建列表

要创建一个列表对象，可以通过赋值语句。

例如，下面的赋值语句是将一串字符赋值给变量 food：

```
>>> food="红烧肉,白灼大虾,清蒸鲈鱼,孜然羊肉"
```

下面的赋值语句是将一个列表赋值给变量 my_food：

```
>>> my_food= ["红烧肉","白灼大虾","清蒸鲈鱼","孜然羊肉"]
```

my_food 的类型是列表，由 4 个字符串类型的元素组成。

当然，也可以借助列表函数 list() 来创建列表。格式有两种：

格式 1：

```
列表变量名=list()
```

功能：产生一个空列表。所谓空列表，就是没有一个元素的列表。

格式 2：

```
列表变量名=list(iterate)
```

功能：将可迭代对象项目转换成列表。这里的可迭代对象有字符串、元组，也可以是 range() 函数。

观察下面的代码执行结果，可以发现借助 list() 函数将变量 x 中存放的字符串转换成列表。

```
>>> x="abc"
>>> list(x)
['a' ,'b' ,'c']
```

下面的代码被执行后，也会生成一个列表。有关 range() 函数的用法，将在后面的第 4 章中介绍。

```
>>> list(range(5))
[0,1,2,3,4]
```

2. 提取列表中元素（索引和切片操作）

列表的索引、切片操作与字符串一样，不再赘述。

3. 修改列表中的元素

通过赋值语句和列表的索引操作，可以修改列表中的元素。例如，要将 my_food 列表中第二个元素换成"莲藕排骨"，用下面的赋值语句就可以实现：

```
>>> my_food[1]= '莲藕排骨'
```

4. 向列表中添加新的元素

Python 中，有多种向列表中添加元素的方法。我们只介绍 3 种常用的方法，格式和功能如下：

格式 1：

```
列表名.append(object)
```

功能：在列表的末尾添加一个新元素。

格式 2：

```
列表名.insert(index,object)
```

功能：在列表指定位置处插入一个新元素。

格式 3：

```
列表名.extend(iterate):
```

功能：在列表末尾追加可迭代对象，如字符串、元组列表。

例2-7 运行下面的命令，并观察运行结果。

```
>>> my_food.append("香菇油菜")      #在my_food列表的末尾添加"香菇油菜"
>>> my_food.insert(1,"西兰花")       #在my_food的索引号为1处插入"西兰花"
>>> my_food.extend([1,2,3])          #将列表[1,2,3]追加到my_food的末尾
>>> print(my_food)                   #输出变量my_food中的值
["红烧肉","西兰花","白灼大虾","清蒸鲈鱼","孜然羊肉","香菇油菜",1,2,3]
```

注意上面新添加元素的位置，掌握 append、insert 和 extend 方法添加新元素不同。

⏻ **温馨提示：**

用 insert() 方法插入元素时，要注意 index 是负数的情况。观察下面代码执行后的结果：

```
>>> x=[1,2,3,4]
>>> x.insert(2,10)
>>> x
[1,2,10,3,4]
```

在 index 为 2 的位置插入一个元素 10。

```
>>> x=[1,2,3,4]
>>> x.insert(-2,8)
>>> x
[1,2,10,8,3,4]
```

在 index 为 −2 的左边插入一个元素 8。上面的结果说明，当 index 是负数时，插入的新元素被插在 index−1 的位置上。

5. 删除列表中的元素

列表中的元素不仅能修改、添加，而且还允许删除。Python 中常见的删除列表中元素的格式有如下 4 种。

格式 1：

```
列表名.clear()
```

功能：删除列表中所有元素。

格式 2：

```
列表名.pop(index)
```

功能：将列表名中 index 指定位置处的元素删除，如果省略 index，那么删除最后一个元素。

格式 3：

```
del 列表名[index]
```

功能：将列表名中 index 指定位置处的元素删除。

格式 4：

```
列表名.remove(value)
```

功能：将列表中值为 value 的元素删除。

例 2-8　已知变量 x 中存放的数据是 [1,2,3,4], 删除 x 中的 2。

如果用 pop() 方法，命令如下：

```
>>> x.pop(1)
2
```

如果用 del() 方法，命令如下：

```
>>>del x[1]
```

如果用 remove() 方法，命令如下：

```
>>> x.remove(2)
```

🔘 **温馨提示：**

pop、del、remove 功能一样，只是执行 pop 命令时，会在命令行的下面显示被删除的那个元素。如果是删除列表中最后一个元素的话，那么用 pop() 最合适。

6. 列表中元素排序

如果需要将列表中的所有元素按照升序方式排列，那么可以用 sort() 方法。

格式：

```
列表名.sort()
```

功能：将列表名中的元素按照由小到大升序排列。

例2-9 观察下面代码的运行结果，经过 sort() 方法将 a2 中的元素按照升序方式排列。

```
>>> a2=[34,-9,23]
>>> a2.sort
>>> a2
[-9,23,34]
```

7. 删除列表

列表不仅支持删除元素，而且也支持删除列表变量。

格式：

```
del 列表变量名
```

功能：将指定的列表变量名所代表的列表从内存中删除，释放存储空间。

例2-10 执行图 2-10 所示的代码，窗口中显示变量名异常信息。

```
>>> x=[1,2,3]
>>> del x
>>> x
Traceback (most recent call last):
  File "<pyshell#4>", line 1, in <module>
    x
NameError: name 'x' is not defined
```

图 2-10　变量名异常错误

上面异常错误产生的原因是：由于 del x 执行后已经将列表变量名为 x 的对象删除，所以再调用 x 时，系统报错："变量名 x 没有被定义"。

2.3.4　元组

元组就像是一个使用圆括号的列表。例如：

```
>>> fibs=(0,1,1,2,3)    #定义了一个元组变量fibs
>>> print(fibs)         #输出元组
(0,1,1,2,3)
```

元组中的元素也像列表一样，类型可以相同，也可以不同。

1. 由一个元素构成的元组

当一个元组中仅有一个元素时，那么这个元素无论是什么类型，都一定要在这个元素的后面添加一个逗号。

那为什么要加逗号呢？我们看一下单个元素是整数的情况（当然，其他类型的单个元素的元组也会出现类似的错误），请大家仔细观察图 2-11 所示的代码及异常错误信息：

```
>>> tuple_1=(1)
>>> tuple_2=(1,2,3)
>>> tuple_1+tuple_2
Traceback (most recent call last):
  File "<pyshell#7>", line 1, in <module>
    tuple_1+tuple_2
TypeError: unsupported operand type(s) for +: 'int' and 'tuple'
```

图 2-11　数据类型异常错误

我们认为 tuple_1 变量中存放的是由一个整数 1 构成的元组，当两个元组类型的数据进行合并操作时，窗口中却显示：整数 + 元组的类型错误（TypeError）。这是因为 Python 的解释器把（1）当做一个算术表达式来处理，导致合并运算符"+"左侧是整型数（int），右侧是元组（tuple）。因此，如果元组中只有一个元素，那么一定要在这个元素的后面加一个逗号。例如，将上面的 tuple_1 赋值语句调整成如下所示，结果就正确了。

```
>>> tuple_1(1,)
>>> tuple_2(1,2,3)
>>> tuple_1+tuple_2
(1,1,2,3)
```

2. 元组的索引与切片操作

与字符串一样，元组也支持索引和切片的操作。例如：

```
>>> _a1=(1,2,"a","ab")    #定义一个变量，名称是_a1，存放一个元组数据
>>> _a1[0]                #元组索引操作，访问元组变量_a1中索引号为0的元素
1
>>> _a1[-2]               #元组索引操作，访问元组变量_a1中索引号为-2的元素
'a'
>>> _a1[-3:]              #元组切片操作,访问元组变量_a1中索引号为-3开始所有元素
(2,'a','ab')
```

3. 删除元组

元组与字符串一样，一旦建好就不能修改。即元组定义之后不能对里面的元素进行修改、添加、删除。但如果要删除整个元组，那么可以用 del 来完成：

格式：

```
del 元组变量名
```

功能：将元组变量名指定的元组删除，释放存储空间。

例如，要删除上面建好的 _a1，可以输入下面的命令：

```
>>> del _a1
```

2.3.5　布尔类型

布尔类型是一个特殊的整型，它的值只有两个，分别是 True 和 False。如果将布尔值进行数值运算，True 会被当成整型 1，False 会被当成整型 0。

例如：

```
>>> 12+True
13
>>> 12+False
12
>>> 12>3    #比较大小，因为12>3,所以结果是True
True
```

Python 中，对于布尔类型的数据来讲，所有非零值都被认为是 True。例如，12 代表 True，-1 也是 True，只有 0 代表 False。

对于什么样的表达式可以得到布尔值，请参考 2.4.3 节的相关内容，而对于布尔函数请参考 5.1.1 节和 7.6.3 节中的内容。

2.3.6　空值

空值是 Python 中的一个特殊的值，用 None 表示。它不支持任何运算，也没有任何内置函数方法。None 和任何其他数据类型比较永远返回 False。在 Python 中，用户定义自定义函数时，未指定返回值的函数会自动返回 None。

2.4　变量与表达式

Python 中，数据分为常量和变量。例如，我们在第 1 章里计算圆面积时，就引入了常量和变量的概念。

2.4.1　常量

所谓常量，就是不变的值，如 -3、23.9、"good "、[1,2,3,4] 等都是常量。这些数据在程序中按照字面意义上的值进行处理，这些值在任何情况下都不能改变。

在 Python 中，通常用全部大写字母的变量名表示常量。

2.4.2　变量

在 Python 学习过程中，我们会用到许多数据。为了方便操作，需要把这些数据分别用一个简单的名字代表，方便在接下来的程序中引用。变量就是代表某个数据（值）的名称，其类型可以是前面介绍过的所有类型。

1. 命名规则

变量名是标识符中的一种，也是由字母、数字、下画线组成，但不能以数字开头。例如，name1、name_1 都是合法变量名，而 1name 就不是合法的变量名。

同样的原因，变量名也不能用保留字（关键字），并且区分大小写。

2. 定义变量

Python 中，定义变量的方法是通过赋值语句来实现的。一个变量定义时，不需要声明变量的类型，直接赋值即可。

格式：

```
变量名=<表达式>
```

功能：将表达式的结果赋值给变量名。

例如，将整数 5 赋值给变量 x，代码如下：

```
>>> x=5
```

Python 解释器完成两件事：

（1）在内存中创建一个 5 的整数。

（2）在内存中创建一个名为 x 的变量，并将它指向整数 5，如图 2-12 所示。

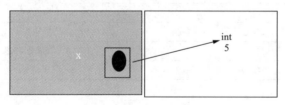

图 2-12　x 变量指向 5

之后就可以在表达式中使用这个新变量 x。

```
>>> x*3
15
```

⏻ **温馨提示**：

通过赋值语句就可以定义变量，并且"="的右侧的表达式的类型就是变量的类型；变量名引用数值的同时也引用了它的类型。

执行下面语句：

```
>>> y=x
```

那么创建一个变量 y，并把 y 指向 x 指向的整数 5，如图 2-13 所示。

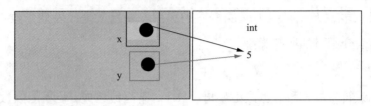

图 2-13　x、y 变量指向 5

2.4.3　运算符与表达式

Python 语言支持的运算符有算术运算符、比较(即关系)运算符、逻辑运算符、赋值运算符、位运算符、成员运算符、标识运算符。我们只介绍其中的五种。

表达式是一个或多个运算的组合。一个常量、一个变量和一个函数都是表达式。

1. 算术运算符和表达式

对于数值类型的数据,常见的运算符及功能如表 2-3 所示。数值表达式也称算术表达式,是由数值类型的数据、变量、算术运算符构成的表达式。

表 2-3　算术运算符及功能

运算符	描　述	举 例 说 明
+	加法	10+2.3,结果是 12.3
-	减法	10-2.3,结果是 7.7
*	乘法	10*2.3,结果是 23.0
/	除法	10/2,结果是 5.0
%	模运算符或求余数运算符,返回余数	10%,结果是 0
**	指数,进行幂运算	10**2,结果是 100
//	整除,求商。将商的小数点后的数舍去	10//3,结果是 3

例如:

```
>>> 4/2+10    #算术表达式,由整数4、2、10和运算符/、+构成
12.0
```

⏻ 温馨提示:

① 除法运算后的结果是浮点数。例如, 4/2(4 除以 2) 的结果是浮点数 2.0。

② 浮点数与整数进行运算时,结果是浮点数。例如, 2.0+10, 结果 12.0。

③ 普通的表达式转换成 Python 表达式时, 乘号（＊）不能省略。

④ Python 表达式中只能出现字符集允许的字符。例如, 数学里的表达式在 Python 语言中无法直接引用, 对此问题可以通过下面两种方法解决:

方法 1: 将 3.14 赋值给一个变量 (假设 pi): pi=3.14, 那么数学公式所对应的 Python 表达式为 pi*r**2。

方法 2: Python 中有一个 math 模块, 里面定义了一个变量 pi, 先导入 math 模块, 然后

就可以使用 pi。导入 math 模块的代码如下：

```
import  math  #导入math模块
```

因此，数学公式 πr^2 对应的 Python 表达式为 math.pi*r**2。

例如，算术表达式 $ad+bc/bd$，转换成 Python 表达式为 (a*d+b*c)/(b*d)。

例如，算术表达式 x^2-y^2，转换成 Python 表达式为 x**2-y**2 或 x*x-y*y。

从上面的案例可以发现，数学公式都需要转换成Python能接收的表达式。如果没有转换，那么 Python 会报错。

2. 序列运算符和表达式

Python 中序列结构的数据有字符串、列表和元组。对于这3种类型的数据,包括成员检查、连接、复制等操作。序列运算符及功能如表 2-4 所示。

表 2-4　序列运算符及功能

运算符	描　　述	举 例 说 明
in not in	包含于 不包含	"a" in [1,"a","b"]，结果是 True "a" not in "ab"，结果是 False
+	连接	"aa"+"bb"，结果是 'aabb' [1,2]+["a","b"]，结果是 [1,2, "a", "b"] (1,2)+(3,4)，结果是，(1,2,3,4)
*	复制或重复	2*"a"，结果是 "aa" [1,2]*2，结果是 [1,2,1,2]。元组亦是如此

（1）成员检查。

in：如果运算符 in 左侧是右侧的成员，那么结果为真，否则结果为假。

not in：如果运算符 not in 左侧不是右侧的成员，那么结果为真，否则结果为假。

运算符 in 和 not in 类似于数学上的包含于和不包含。这就需要了解数学上的子集定义：对于两个非空集合 A 与 B，如果集合 A 中的任何一个元素都是集合 B 中的元素，就说 $A \subseteq B$(读作 A 包含于 B)，或 $B \supseteq A$(读作 B 包含 A)，称集合 A 是集合 B 的子集。空集是任何集合的子集。

下面以字符串为例，介绍 Python 中 in、not in 的操作，列表、元组的操作参照字符串。

假设有一个字符串 'abc'，它的子集有 'a'、'b'、'c'、'ab'、'bc'、'abc' 和 ''。执行下面的命令，查看执行后的结果。

```
>>> 'ab' in 'abc'     #字符串'ab'是'abc'的子串，所以结果是True
True
>>> 'ab' not in 'abc'     #字符串'ab'是'abc'的子串
False
>>> 'ac' not in 'abc'     #字符串'ac'不是'abc'的子串
True
```

由 in、not in 两个运算符构成的表达式，其结果是逻辑值，因此由 in、not in 构成的表达式是逻辑表达式。

（2）连接合并。

格式：

<表达式>+<表达式>

功能：将"+"左右两侧的数据合并到一起。

例如：

```
>>> 'abc'+'123'    #将'abc'和'123'连接在一起
'abc123'
>>>list1=[1,2,3,4]
>>>list2=['I','ate','apple','and','hit','the','floor']
>>> list1+list2    #将两个列表合并到一起
[1,2,3,4, 'I','ate','apple','and','hit','the','floor']
```

（3）复制。

格式：

表达式*表达式

注意上面的表达式，一个类型是序列结构的，另一个是数字表达式。

功能：将序列结构的表达式按照数字表达式指定的次数进行复制。

例2-11 复制示例

```
>>> 10*'a'              #字符串'a'重复10遍，得到10个'a'的字符串
'aaaaaaaaaa'
>>> spaces=' '*25      #将空格重复25遍，并将结果赋值给spaces
>>> list1 *3           #list1重复3遍，结果如下所示
[1, 2, 3, 4, 1, 2, 3, 4, 1, 2, 3, 4]
```

通过上面的案例可以发现，由字符串（或列表或元组）和运算符*（复制）、+（连接）构成的表达式，其结果还是字符串（或列表或元组），这种表达式是字符串（或列表或元组）表达式。

3. 比较（关系）运算符和关系表达式

生活中我们经常比较身高、体重，也经常会在不同的方案中进行选择等。当然，比较时都是同类型的对象。同样，Python 中也提供了这样的操作，所用的比较运算符及功能如表 2-5 所示。

表 2-5　比较运算符及功能

运算符	描　　述	举 例 说 明
>	如果左侧的值大于右侧，结果为 True，否则为 False	12.0 > 10，结果是 True "张三 ">"张思"，因为第一个汉字相同，所以比较第二个汉字；因为三的汉语拼音是 san，而思的拼音是 si，字符 a 小于字符 i，所以 "张三 ">"张思" 不成立，结果为 False 列表和元组的比较与字符串相似
>=	如果左侧的值大于等于右侧，结果为 True，否则为 False	12 >= 12（或者 12.0>=12.0），结果为 True "abc" >= "abc12"，结果为 False

续表

运算符	描 述	举 例 说 明
<	如果左侧的值小于右侧，结果为 True，否则为 False	[1] < []，结果 False 1 < 2，结果是 True
<=	如果左侧的值小于等于右侧，结果为 True，否则为 False	"a" <= "aaa"，结果是 True 12.1 <=12 ，结果是 False
==	如果左侧的值等于右侧，结果为 True，否则为 False	12==12.0，结果是 True 12.0==12.0 True
!=	如果左侧的值不等于右侧，结果为 True，否则为 False	12!=12，结果为 False [1,2]!=[1]，结果为 True
in	如果左侧是右侧的子集，结果为 True，否则为 False	

在程序设计语言中，比较运算也称关系运算。由比较运算符和数据构成的表达式，称为关系表达式。关系表达式的运算结果是逻辑值 True 或 False。

比较运算符两侧的数据类型要一致，如果比较运算符两侧类型不一样，会显示异常与错误信息。

例2-12 下面的代码运行时会出现什么问题？

```
>>> a=12.36
>>> b="a"
>>> x=b>=a
>>> y=b<=a
```

上面的表达式：b>=a 和 b<=a，会出现类型错误。产生的原因是变量 a 中存放数据的类型为浮点数，而变量 b 中数据类型是字符串，所以会出现类型错误。

例2-13 比较运算示例 1。

```
>>> 2>=3        #因为数字2小于3，所以结果是False
False
```

例2-14 比较运算示例 2。

```
>>> 'abc'>'aaa' #第一个字母相同，判断第二个；'b'>'a'
True
```

在计算机内部，所有的数据都是以二进制编码表示的，所以字符串的比较也是按照二进制编码进行的。用户不用知道每一个字符的编码是多少，只要按照数字 0 ~ 9，字母 a ~ z 的顺序进行比较就可以。

例 2-14 中，因为两个字符串中第一个字符相同，所以判断第二个字符。因为 b 排在 a 的后面，所以 'b'>'a' 成立，因此结果是 True。

4. 逻辑运算符和逻辑表达式

我们只介绍 3 种逻辑运算符，按照运算的优先级别由高到低，依次是 not、and、or。not 运算符的功能如表 2-6 所示。

表 2-6　not 运算符的功能

逻辑表达式 1	not 逻辑表达式 1
True	False
False	True

例2-15 not 运算符示例。

```
>>> not 2>3    #因为2>3的结果是False，所以not 2>3结果是True
True
```

and 运算符的功能如表 2-7 所示。

表 2-7　and 运算符的功能

逻辑表达式 1	逻辑表达式 2	结　果
True	True	True
True	False	False
False	True	False
False	False	False

例2-16 and 运算符示例。

```
>>> 2>3 and 4>3
False
```

（1）进行上面代码运行时，先进行比较运算，然后进行逻辑运算。

（2）因为2>3不成立，是False，而4>3成立，是True，因此执行 False and True 的结果是 False。

or 运算符的功能如表 2-8 所示。

表 2-8　or 运算符的功能

逻辑表达式 1	逻辑表达式 2	结　果
True	True	True
True	False	True
False	True	True
False	False	False

例2-17 or 运算符示例。

```
>>> not 2>=3 or 4<=4
True
```

⏻ 温馨提示：

当表达式中含有数字运算、比较运算、逻辑运算等多种运算时，先进行数字运算，然后进行比较运算，最后是逻辑运算，如图 2-14 所示。

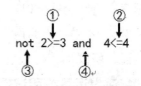

图 2-14　例 2-17 的运算顺序

```
>>>print(2>=3 and  4<=4)
False
```

5. 赋值运算符

Python 的赋值语句种类比较多，功能也比较强，都是通过"="完成的。

格式：

```
变量=<表达式>
```

功能：将右侧表达式进行计算，并将结果赋给左侧的变量。

例如：

```
>>> x=2**3+100    #将2³+100计算后的结果108赋值给x
```

⏻ **温馨提示：**

① 赋值运算符左边必须是变量名，右边可以是常量、变量、函数调用，或者是常量、变量、函数组成的表达式。

② 赋值符号"="与中学数学中的等号含义是不同的，这里"="的含义不是等于，而是赋值。例如，赋值语句 x=x+1 是合法的，它表示将 x 的当前值加 1 后再赋值给 x。

2.4.4　条件表达式

Python 中，有一种表达式是根据条件在两个表达式中选择一个作为结果。

格式：

```
<表达式1>  if <表达式2> else <表达式3>
```

其中 if 和 else 这两个关键字充当了条件表达式的运算符。

功能：先计算 < 表达式 2> 的值，如果结果为 True，那么返回值是 < 表达式 1> 的计算结果，否则是 < 表达式 3> 的计算结果。

一般情况下，该条件表达式与赋值语句配合使用。假设给变量 y 赋值，赋值语句如下所示：

```
y=<表达式1>  if <表达式2> else <表达式3>
```

功能上等价于：

```
if <表达式2>:
     y=<表达式1>
else:
     y=<表达式3>
```

例如：

```
>>> y=3 if  3>=2 else 6    #因为3>=2成立，所以将3赋值给y
>>> y
3
>>> y=3 if  -3>=2 else 6   #因为-3>=2不成立，所以将6赋值给y
>>>y
6
```

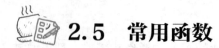

2.5 常用函数

2.5.1 函数的定义

所谓函数，就是可以实现一些特定功能的方法或程序。例如，计算两个数、三个数、四个数……n 个数中的最大值的 max() 函数。用户也可以根据需要自定义函数供我们调用，从而提高应用的模块化和代码的重复利用率。Python 标准库和第三方提供了大量的模块。

2.5.2 函数的种类

Python 中，函数有 3 种：内置函数、第三方函数和自定义函数。

1. 内置函数

Python 解释器提供了一些内置函数，如数值类的 int(x)、float(x)，测试表达式类型的 type(x)。常用数值类内置函数如表 2-9 所示。

表 2-9 常用数值类内置函数

函 数	功 能 描 述	案 例
int(x)	将 x 转换为整数，x 可以是浮点数或字符串	int(4.5) 的结果是 4
float(x)	将 x 转换为浮点数，x 可以是整数或字符串	float("15") 的结果是 15.0
eval(x)	去掉字符串的引号	eval("15") 的结果是 15；eval("15.0") 的结果是 15.0 假设 y=10，那么执行 print(eval("y")) 的结果是在窗口中显示 10
max(x1,x2[,x3...)	将变量 x1、x2……中的最大值取出来。其中 x1、x2……可以是数字、列表、元组	max(2,67,-9) 的结果是 67 max([23,4,78]) 的结果是 78
min(x1,x2[,x3...)	将变量 x1、x2……中的最小值取出来。其中 x1、x2……可以是数值表达式、列表、元组等类型	min(2,67,-9) 的结果是 -9 max((23,4,78) 的结果是 4

字符串类常用的内置函数如表 2-10 所示。其中变量 a1="Good",a2="g o od",a3="g,oo,d"。

表 2-10 字符串类常用的内置函数

函 数	功 能 描 述	案 例
a1.upper()	将变量 a1 中小写字母转换成大写字母	a1.upper() 的结果是 'GOOD'
a1.lower()	将变量 a1 中大写字母转换成小写字母	a1.lower() 的结果是 'good'
a2.split(sep=None)	将字符串转换成列表，其中 sep 指定划分依据。sep 可以是空格，逗号等分隔符	a1.split() 的结果是 ['Good'] 按空格进行分割：a2.split(" ") 的结果是 ['g','o','od'] 按逗号进行分割： a3.split(",") 的结果是 ['g','oo','d']

续表

函　数	功　能　描　述	案　例
a1.index(sub[,start[,end]])	如果字符串 sub 是 a1 的子串，那么返回 sub 在 a1 中指定区间内的第一次出现的位置索引号	a1.index("o") 和 a1.index("o",1) 的结果都是 1 a1.index("o",2) 和 a1.index("o",2,3) 的结果是 2

列表和元组的常用函数如表 2-11 所示。其中 a1=[1,2, "boy",[-9,-5]]，a2=(34,-12,5)，a3=[1,45,9,-6]。

表 2-11　列表和元组的常用函数

函　数	功　能　描　述	案　例
len(list) 或 len(tuple)	计算列表（list）或者元组 (tuple) 的长度	len(a1) 的结果是 4 len(a2) 的结果是 3
list(x)	x 可以是字符串和元组，功能是将其转换成列表	list('abc') 的结果是 ['a','b','c'] list(a2) 的结果是 [34,-12,5]
tuple(x)	x 可以是字符串和列表，功能将其转换成元组	tuple('abc') 的结果是 ('a','b','c') tuple(a1) 的结果是 (1,2,'boy',[-9, -5])

测试表达式类型函数如表 2-12 所示。

表 2-12　测试表达式类型函数

函　数	功　能　描　述	案　例

type(x)	返回 x 的类型	type(15.0) 的结果是：
		
		`>>> type(15.0)`
		`<class 'float'>`

序列结构中元素的个数函数如表 2-13 所示。

表 2-13　序列结构中元素的个数函数

函　数	功　能　描　述	案　例
len(x)	x 可以是字符串、元组、列表，功能是计算 x 中包含的元素个数	len('a bc') 的结果是 4 len([1,2,(5,3)]) 的结果是 3

例 2-18　从键盘接收一组数，然后将这组数转换成一个列表输出。

分析：

如果想从键盘接收数据，那么应该用 input；如果将接收到的一组数据转成一个列表，那么可以用两种方法：

（1）如果是由单个阿拉伯数字组成的一组数，那么用 list() 函数。因为 input 接收的数据类型是字符串，所以用 list() 函数就可以将字符串转换成列表。

（2）如果是任意一组数，那么用字符串转列表函数 split()；此时输入数之间应该用同样的间隔符。本例用逗号。

参考代码如图 2-15 所示。

```
#本案例实现的功能是：通过键盘键入一组数，并将其转换成列表输出
#通过键盘输入一串阿拉伯数字，保存在变量x中
x=input("请输入一串数字")
#通过list函数将其转换成列表输出
print(list(x))

#通过键盘输入数据，保存在变量x1中
x1=input("请输入一组数，数据之间用逗号分隔")

#将输入的一组数转换成列表，存放在变量x2中
x2=x1.split(",")
#输出最后生成的列表
print(x2)
```

图 2-15　split() 函数分割字符串

按【Ctrl+N】组合键打开 Python 编辑器窗口，输入上面的代码，保存，运行。运行后在窗口中显示的提示信息"请输入一串数字"右边输入 1278，并按【Enter】键，窗口中显示将这串数字拆分成如下所示的列表：

```
['1', '2', '7', '8']
```

接着在窗口中显示"请输入一组数，数据之间用逗号分隔"的信息。此时，在提示信息的右边输入一组数，数据间用逗号分隔，如 23,34,67,-9,12，并按【Enter]】键后，窗口中显示的结果如下所示：

```
['23', '34', '67', '-9', '12']
```

当需要了解某个对象的数据类型时，可使用 type() 函数完成。请大家尝试运行图 2-16 所示代码，并查看返回的结果是否与图中标注提示的信息相同。

```
>>> type(12.5)
<class 'float'>          ←── float 是浮点类数据，这表示 12.5 是浮点数
>>> type(5)
<class 'int'>           ←── int 是整数类数据，这表示 5 是整数

>>> type("abc")
<class 'str'>           ←── str 是字符串类数据，这表示 "abc" 是字符串

>>> type([1,2,3])
<class 'list'>          ←── list 是列表类数据，这表示 [1,2,3] 是列表

>>> type((1,2,3))
<class 'tuple'>         ←── tuple 是元组类数据，这表示 (1,2,3) 是元组
```

图 2-16　测试数据类型函数 type

2. 第三方函数

我们知道，Python 是开源的，这是它的一个优势。因为全世界的人们都在贡献自己的

力量。而所谓第三方函数，正是其他程序员编好的函数库，共享给大家使用。这样的函数需要安装、导入方能使用。

3. 自定义函数

自定义函数，就是根据需要编写的、方便自己工作学习用的函数。有关这部分的内容，将在第 7 章中介绍。

基础知识练习

1. 填空题

（1）在 Python 中，标识符必须以（　　　）或（　　　）开始，并且标识符区分（　　　），如 AB、Ab、aB 是 3 个不同的标识符；另外，Python 中所有的标点符号都必须是（　　　）（中文/英文）标点符号。

（2）Python 中，有些特殊的标识符被用作专门的用途，编程人员在定义名称标识符时，不能与这些标识符同名，这类标识符称为（　　　）。

（3）Python 中的（　　　）函数可以从键盘上获取用户输入的数据，该函数可以在接收用户从键盘输入数据前先输出一些提示信息，且该函数会把用户输入的所有数据都以（　　　）类型返回。

（4）Python 中的（　　　）函数，可以把数据输出到交互窗口中，该函数一次可以输出若干项。并且在默认情况下该函数在输出所有项之后，会输出一个换行符。

（5）Python 的数字类型分为（　　　）、（　　　）和（　　　）子类型。

（6）Python 内置数值运算符中，用（　　　）表示数学中的乘号，（　　　）表示数学中的除号，"//" 表示（　　　），"%" 表示（　　　），"**" 表示（　　　）。

（7）Python 中内置的数值函数，如（　　　）可以求最大值，（　　　）可以求最小值，函数 int 的作用是（　　　），float 的作用是（　　　）。

（8）Python 序列结构类型包括（　　　）3 种，而（　　　）是 Python 中唯一的映射类型。

（9）Python 中的内置函数库 math 导入的方法是（　　　）。

（10）Python 中，字符串可以用一对（　　　）或一对（　　　）或一对（　　　）来表示。其中超过一行的字符串可以在末尾用续行符（　　　）进行续行。

（11）字符串是一个字符序列，其值一旦建好就（　　　）改变，除非重新赋值。在 Python 中有两种方式表示字符串中字符的位置序号，一是从左向右正向序号，索引号从（　　　）开始，依次是（　　　）；二是从右向左方向序号，索引号从（　　　）开始，依次是（　　　）。

（12）字符串的索引操作，是指从字符串中提取（　　　）字符的操作。

（13）切片是Python中字符串的重要操作之一，切片使用两个"："分隔3个数值来完成，格式如下：

字符串[start:stop:step]

第一个start表示切片开始位置，第二个stop表示切片的停止（但不包含）位置，第三个step表示步长，当所有数字都省略时，表示（　　　）。

（14）Python中，在列表变量x的位置索引为2的位置上插入一个数字12.6，命令是（　　　）；在列表变量x的末尾添加一个字符串"abc"，命令是（　　　）；将列表变量x中的位置索引号为-1的元素删除，命令是（　　　）或（　　　）。

（15）创建一个空列表，可以通过列表变量名=（　　　）或者列表变量名=（　　　）两种方法实现。

（16）删除列表的方法是（　　　），清空列表中所有元素的方法是（　　　）。

（17）Python中，介绍的类型中可变数据类型有（　　　）3种，不可变数据类型有（　　　）两种。

（18）Python可以通过函数（　　　）来测试对象数据类型。

（19）在IDLE的Shell环境下输入以下程序代码，在右侧的横线上记录运行结果。

```
>>> a=12.36          _____
>>>b1=b2=10          _____
>>>print("a=",a,"b1=",b1,"b2=",b2)    _____
>>>b="a"             _____
>>>x=b1>=a           _____
>>>y=b2<=a           _____
>>>print(x*10,b*3)   _____
>>>print(y+1)        _____
>>>b="iamastudent"   _____
>>>print(b[2])       _____
>>>print(b[-5])      _____
>>>print(b[1:5])     _____
>>>print(b[:])       _____
>>>print(b[-5:-1])   _____
>>> b[-6:-2:2]       _____
```

2. 选择题

（1）执行print(int(23.56))的结果是（　　　）。

    A. 23.56　　　　　　B. 23　　　　　　C. 24　　　　　　D. 报错

（2）执行下面代码后，从键盘输入9a，结果是（　　　）。

```
>>> x=input("请输入")
>>> float(x)
```

    A. a　　　　　　　B. 9　　　　　　C. 9a　　　　　　D. 报错

操作实践

1. 已知x=5，y=2，完成下面表达式的计算。

表 达 式	人 工 计 算	IDLE 运行结果
x+y		
x-y		
x*y		
x/y		
x//y		
x%y		
x**y		
x>y		
x==y		

2. 已知x="good"，y="程序设计"，完成下面表达式的计算。

表 达 式	人 工 计 算结果	IDLE 运行结果
x+y		
x*3		
2*y		
x in y		
"d" in x		
x[0]		
x[0:-1]		
x[0:]		
x[-3:-1]		
y[-1:]		
y[::-1]		
x[1::2]		
x>y		
len(x)		
len(y)		

3. 已知一个字符串：https://bisu.yuketang.cn/pro/courselist，编写代码完成：

（1）输出第一个字符。

（2）输出前4个字符。

（3）输出后4个字符。

（4）输出字符串的长度。

（5）输出字符s的第一个索引位置值。

（6）输出字符t出现的总次数（用count()方法）。

4. 编写代码完成计算任意一位同学的3门课程的平均成绩和总分。

解题步骤：

（1）首先要将3门课程的成绩存放到3个变量中，假设这3个变量分别是score1、score2、score3。

（2）用input方法获得这3个成绩。

（3）计算总分和平均分。要进行计算，还需要将计算后的总分和平均分存放到变量中，假设sum_1存放总分，avg_1存放平均分。

（4）输出计算结果：用print()方法输出。

第 3 章
程序基本结构

程序是一组语句序列，程序设计就是为了完成某一项任务而编写的指令集合，执行程序就是按特定的次序执行程序中的语句。由于复杂问题的解法可能涉及复杂的执行次序，因此，编程语言必须提供表达复杂控制流程的手段，称为编程语言的控制结构，即程序控制结构。

学习目标

- 熟练掌握程序的基本结构。
- 掌握解题过程和编写代码的对应关系，了解流程图的作用。
- 熟练掌握 Python 支持的多种赋值方式及其功能。
- 熟练掌握 turtle 库中常见方法，以及用这些方法来绘制图形。

 ## 3.1 程序的基本结构

无论是哪一种计算机高级语言，其程序的基本结构都是顺序、循环和分支（或选择）3 种。顺序结构是最常见的，这种结构的程序在运行时，按照语句的先后顺序依次一条一条地执行。

3.1.1 基本输入 / 输出语句

在处理实际问题时，都可以采用 IPO 方法，即确定输入什么、处理什么、输出什么。除此之外，也可以通过流程图的方式来描述解决问题的过程。

基本输入 input、输出语句 print，前面的章节中有过介绍，下面再简单介绍一下。

1. 输入语句 input

Python 中，当需要从键盘输入数据时，用 input() 实现。格式如下：

变量名=input("提示信息")

功能：执行该命令后，窗口中显示 input 后面的提示信息，等待用户从键盘输入数据。

此命令被执行后，从键盘输入数据的类型是字符串。如果输入的数据要进行数值计算，那么有 3 种方法将其转换成数值：

（1）用 eval() 函数将其转换成数值。

例如，下面两个语句实现的功能是一样的：

```
>>> eval('print("wow")')
>>> print("wow")
```

也就是说，eval() 函数的作用是去掉了字符串上的引号，因此用 eval() 函数可以将 input 输入的数据从字符串转换成数值。例如，执行下面的语句：

```
>>>x=eval(input("请输入一个表达式"))
```

该命令被执行后，窗口中显示：

请输入一个表达式

此时通过键盘输入 12*25，并按【Enter】键后，实现的功能就是将 12*25 的计算结果赋值给 x。具体结果如图 3-1 所示。

```
Python 3.5.2 (v3.5.2:4def2a2901a5, Jun 25 2016, 22:01:18) [MSC v.1900 32 bit (In
tel)] on win32
Type "copyright", "credits" or "license()" for more information.
>>> x=eval(input("请输入一个表达式"))
请输入一个表达式12*25
>>> print(x)
300
>>> |
```

图 3-1　input 语句执行过程与效果

（2）用 int() 函数将其转换成整数类型。

int() 函数的功能是将小数转换成整数，具体功能和执行效果如图 3-2 所示。

```
>>> int("123")
123
>>> int(23.56)
23
>>> int("23.56")
Traceback (most recent call last):
  File "<pyshell#4>", line 1, in <module>
    int("23.56")
ValueError: invalid literal for int() with base 10: '23.56'
```

图 3-2　int() 函数的功能和执行效果

图 3-2 中代码执行后的结果告诉我们，用 int() 函数时，括号内的参数要么是数字，要么是加引号的整数。这样，从键盘输入一个整数类型的数据，可以用：

```
>>>x=int(input("请输入一个数"))
```

（3）用 float() 函数将其转换成浮点数。

当需要从键盘输入一个小数时，float() 中内嵌 input() 就可以实现。方法与上面的

eval()、int() 相似，不再赘述。

2. 输出语句 print

前面已经介绍了 print 命令的基本格式与使用方法，此处介绍参数 sep 和 end 的作用。

格式：

```
print(<对象1>[,<对象2>...[,sep=" "][,end='\n'])
```

功能：将对象 1、对象 2……的结果显示在窗口中。如果有 sep 参数，那么对象 1、对象 2、……间按照 sep 后引号内的字符进行分隔；如果有 end=' '（引号内也可以是其他字符），输出结束行尾用空格，不换行。

💡**注意：**

不管有没有end='\n'，都表示输出结束后换行。

例3-1 由 sep 参数分隔多个输出对象。

```
>>> print (1,2,3,sep='***' )
1***2***3
```

例3-2 编辑一个文件 p1.py，包含的代码如图 3-3 所示。

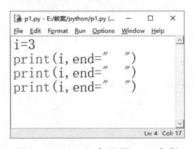

图 3-3　print() 中设置 end 参数

运行之后，结果如图 3-4 所示。

```
===================== RESTART: E:/教案/python/p1.py =====================
3  3  3
>>>
```

图 3-4　执行 print() 后的结果

如果删除上面的 print 中 ()end 短语，或者将空格换成 "\n "，运行之后结果是一样的，如图 3-5 所示。

```
===================== RESTART: E:/教案/python/p1.py =====================
3
3
3
>>>
```

图 3-5　没有 end 短语的 print 语句执行结果

57

在第 1 章计算圆面积的代码中，输出面积时，希望在窗口中显示"圆的面积 =xxx"（xxx 代表具体数值）的效果，下面将 print 语句做一点调整。代码如下：

```
#计算圆面积
pi=3.14
r=eval(input("请输入圆半径"))
s=pi*r**2
#下面两行print可以在窗口中显示：圆面积=xxx(xxx具体的数值)
print("圆的面积",end="=")
print(s)
```

将上面的代码保存在 test.py 文件中，运行并查看效果，体会 print 中 end="=" 的作用。

如果将最后两行代码改成：

```
print("圆的面积=",s)
```

再观察程序运行结果，会发现与之前两行代码相似。

例3-3 假设四边形边长分别是 x、y，周长用 s_len 表示，则求四边形周长的代码如下：

```
x=eval(input("请输入边长"))
y= eval(input("请输入另一个边长"))
s_len=2*x+2*y
print("四边形的周长",end="=")
print(s_len)
```

温馨提示：

end的作用：如果当前被执行的print中含有end=" "（或者是end=","，或者是end="="等），那么输出数据后不换行。

3.1.2 赋值语句

Python 中的变量，第一次赋值时系统会自动声明，并且变量的类型就是赋给它的数据类型。

Python 中，赋值语句的形式较多。例如，可以同时将不同的值赋给不同的变量，或者同时将相同的值赋值给多个不同的变量等。

1. 多个变量赋不同的值

格式：

```
<变量1>,<变量2>,...<变量n>=<表达式1> ,<表达式2>,...<表达式n>
```

功能：将表达式 1 的运算结果赋值给变量 1，将表达式 2 的运算结果赋值给变量 2······将表达式 n 的运算结果赋值给变量 n。

例3-4 将不同的值赋值给不同的变量。

```
>>> x,y,z=1,2,3    #将1赋值给x，2赋值给y，3赋值给z
>>> print(x,y,z)
```

```
1 2 3
```

还可以通过赋值语句完成：互换两（或更多）个变量中的值。

```
>>> x,y=y,x   #将x和y的值互换
>>> print(x,y,z)
2 1 3
```

事实上，Python 做的上述操作称为序列解包（sequence unpacking）或递归解包。即将多个值的序列解开，然后放到变量的序列中，更形象的描述如下：

```
>>> values=1,2,3
>>> values
(1,2,3)
>>> x,y,z=values
>>> x
1
```

2. 增量赋值语句

格式：

```
<变量>+=<表达式>
```

功能：变量的当前值加上表达式的值后，再赋值给变量。

增量赋值语句等价于：

```
<变量>=<变量>+<表达式>
```

例3-5 增量赋值语句示例。

```
>>> x=2
>>> x+=1
>>> print(x)
3
```

温馨提示：

①上面增量赋值中的+，可以换成*、-、/、%。例如，执行x*=5后，x中的值是15（3*5之后的结果赋值给x）。

②增量赋值除了数值类型外，还可以是列表、元组、字符串等。但增量运算符只有*（复制）和+（连接）。例如：

```
>>> ch="good"
>>> ch*=2
>>> ch
'goodgood'
>>> ch+="2"
>>> ch
'goodgood2'
```

但执行ch+=3会报错，报错信息如图3-6所示。

```
Traceback (most recent call last):
  File "<pyshell#1>", line 1, in <module>
    ch+=3
TypeError: Can't convert 'int' object to str implicitly
```

图 3-6　类型异常错误信息

错误原因是类型不一致：ch 中保存的数据是字符串 "goodgood2"，而赋值号右侧的 3 是整数。

3. 链式赋值

链式赋值是将同一个值赋给多个变量的方法。

格式：

```
x=y=<表达式>
```

功能：将表达式的结果计算后同时赋值给变量 x、y。

这个赋值语句和下面两行语句，效果一样。

```
y=<表达式>
x=y
```

例如：

```
>>> x=y=z=10
>>> print(x,y,z)
10 10 10
```

3.2　绘制图形——turtle 模块

Python 的模块是一些函数、类和变量的集合。Python 用模块将函数和类分组，使它们更方便调用。Python 有很多内置模块，称为标准库。例如，math、time、turtle 等都是标准库。

turtle，英文的意思是乌龟、海龟。我们想象一只海龟位于画布窗体的正中心，在画布上慢慢爬行，它爬行的轨迹形成了绘制的图形。turtle 中，海龟的运动是由程序控制着，并可以变换颜色，改变线条的粗细（宽度）、调整位置和爬行速度等。借助这些绘制图形的方法，可以让海龟在屏幕上绘制出漂亮的图形。

3.2.1　导入 turtle 模块

Python 中，调用任何模块中的方法前，都需要先将模块导入到当前环境中。例如，用海龟绘制图形前，需要将这个模块导入进来。导入模块可通过 import 和 from...import... 两种方式。

格式 1：

```
import turtle [as 标识符]
```

功能：将 turtle 模块导入进来，之后就可以使用该模块中的所有方法。

说明：

① 如果没有选择"as 标识符"，那么每次调用该模块内的命令（方法）时，需要在命令前加前缀 turtle。例如，在当前位置向前画一个 100 像素的直线，用的命令是：turtle.fd(100)。

② 如果选择"as 标识符"，那么用这种方式导入 turtle 模块的同时创建一个标识符指定的对象，每次调用模块中的命令（方法）绘制图形时，需要在命令前加前缀对象名。例如，用 import turtle as tt 导入后，从当前位置向前画一个 100 像素的直线，命令是 tt.fd(100)。

格式 2：

```
from turtle import 方法/类/对象/*
```

功能：将按照指定的"方法 / 类 / 对象 / 全部"导入到当前环境中。

这种方式导入的方法、类、对象等，调用时就无须加前缀"模块名"或"对象名"，可直接使用模块中的命令（方法）。

例如，还是在当前位置上向前绘制 100 像素的直线。那么用 from turtle import * 后，直接输入 fd(100) 即可。

⏻ **温馨提示：**

使用 from...import...，虽然可以简化方法的调用，但如果导入模块中的名称与当前窗口或文件中的变量名、函数名、对象名或类名相同，就会产生问题，导致错误，因此用 import 语句导入模块更为安全。

3.2.2 设置画布

当需要调整画布的大小以及画布窗体在显示器上的位置时，turtle 提供了 setup() 方法。

格式：

```
setup(width,height[,startx,starty])
```

其中，四个参数含义分别如下：

（1）width：画布窗体的宽度。

（2）height：画布窗体的高度。

（3）startx：画布窗体距离显示器左边的像素距离。

（4）starty：画布窗体距离显示器上边的像素距离。

后两个参数是可选项，如果不写，画布窗体会默认显示在显示器的正中间。

按照图 3-7 所示，假设最外面的框线为显示器的外框，内部框线是画布窗体外框。那么，图 3-7 中的参数就是 setup 语句中各参数的示意。

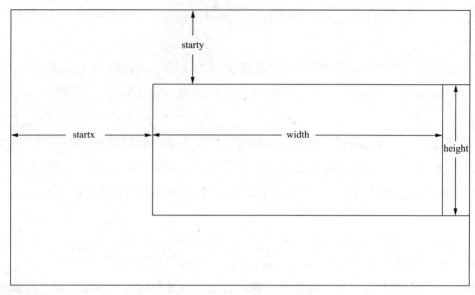

图 3-7 setup 中各参数的意义

3.2.3 画布坐标系

turtle 中的海龟初始位置为图 3-8 所示的坐标（0,0），而画布被分成四象限的坐标系。

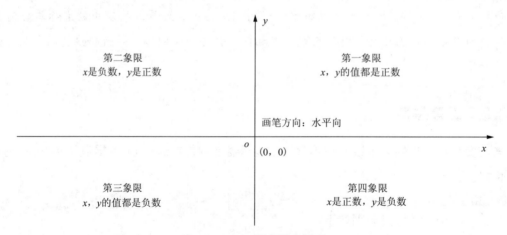

图 3-8 turtle 画布的坐标系

按照图 3-8 所示的坐标设置，x 代表水平方向的值，y 代表垂直方向的值。例如，如果将画笔移到左上角第二象限区域中，那么其坐标值 x 应是负数，y 应是正数。

画笔（小海龟）默认方向是从左向右的水平方向。

3.2.4 常用的运动命令

用 turtle 绘制图形，就需要了解海龟爬行的命令。海龟的移动就相当于一支画笔在画布上绘制图形，所以后面的介绍中，我们用画笔来介绍 turtle 中的各种方法。turtle 中画笔常用的命令如表 3-1 所示。

表 3-1 turtle 中画笔常用的命令

命令（函数）	功　能
forward(d)/fd(d)	向前移动，d 代表距离
backward(d)/bk(d)	向后移动，d 代表距离
right(degree)/rt(degree)	向右转 degree 所指定的角度
left(degree)/lt(degree)	向左转 degree 所指定的角度
circle(radius,[extent,[steps]])	半径 radius 是正数时，从当前位置绘制一个逆时针方向半径为 radius 的圆，否则是顺时针方向的圆。如果有范围 (extent)，那么绘制圆弧，圆弧大小由 extent 指定；如果既有范围 (extent)，又有步长 (steps)，那么绘制由 extent 指定的圆弧，并将圆弧按照 steps 指定的数字分成 steps 份
dot()	绘制圆点
speed(n)	设置画笔绘制的速度，n 取值范围是 0~10 之间的整数。其中 0 表示最快；10 表示快；1 表示最慢；3 表示慢；6 表示正常（默认值）
write(arg[,move=False,align= "left",font= (fontname, fontsize, fonttype)])	arg：画布上要显示的内容，可以是字符串、元组、列表；font=(" 楷体 ",20,"bold") 表示字体是楷体，字号是 20，字形是加粗

温馨提示：

用 turtle 绘制图形时，应注意画笔的位置和方向。否则绘制出来的图形，可能和预期有差距。刚刚开始绘制图形时，可以尝试用自己的手代替画笔绘制图形，掌握绘制过程，再选择适合的代码来描述这个过程。

例 3-6 在当前位置开始绘制一个边长为 200×100 的矩形，其步骤如图 3-9 所示。

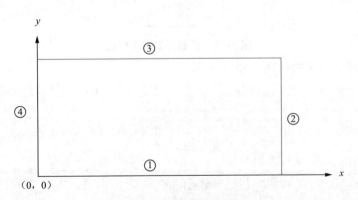

图 3-9 绘制矩形的步骤

根据图 3-9 所示的绘制步骤，将实施过程用流程图描述，结果如图 3-10 所示。

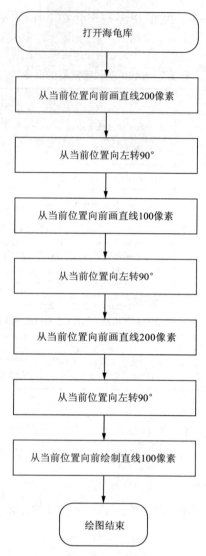

图 3-10 绘制矩形的流程图

对照流程图写出对应的代码，如下所示：

```
#绘制矩形
import  turtle                    #导入turtle
turtle.forward(200)               #从当前位置向前画一条200像素的直线
turtle.left(90)                   #向左转90°
turtle.forward(100)               #从当前位置向前画一条100像素的直线
turtle.left(90)                   #向左转90°
turtle.forward(200)               #从当前位置向前画一条200像素的直线
turtle.left(90)                   #向左转90°
turtle.forward(100)               #从当前位置向前画一条100像素的直线
```

从上述代码可以看出，每一个命令前缀 turtle 有些烦琐。如果将导入命令改为 import turtle as tt，那么上面代码中的 turtle 就可以全部替换成 tt。代码如下：

```
import  turtle as tt      #导入turtle，创建对象tt
tt.forward(200)           #从当前位置向前画一条200像素的直线
tt.left(90)               #向左转90°
tt.forward(100)           #从当前位置向前画一条100像素的直线
tt.left(90)               #向左转90°
tt.forward(200)           #从当前位置向前画一条200像素的直线
tt.left(90)               #向左转90°
tt.forward(100)           #从当前位置向前画一条100像素的直线
```

如果用 from turtle import * 导入模块，那么上面的前缀 tt 就可以省略。

举一反三：

上面案例介绍的是矩形，对于正方形、五边形、六边形等各种多边形，都可以仿照上面所述方法，将绘制的过程用图和流程图的方式描述出来，然后再选择对应的代码实现。这个过程就是学习编程方法，请大家慢慢地熟悉起来。

例 3-7　绘制一个半径为 100 像素的圆。

2022 年冬奥会即将在北京和张家口举办，那绘制奥运五环的代码该如何设计呢？五环就是 5 个圆，我们先画一个。在当前位置处画一个半径 100 像素的圆，用 circle 命令即可。

如果按照顺时针方向绘制，那么命令是 circle(-100); 如果是按照逆时针方向绘制，那么命令是 circle(100)。

代码如下：

```
import turtle as cc  #导入turtle，创建cc对象
cc.circle(100)       #在当前位置逆时针方向绘制圆
```

当然，同学们也可以考虑绘制其他图形，如绘制图 3-11 所示的笑脸。

图 3-11　笑脸

3.2.5　控制画笔命令

绘制图形时，往往还需要对图形进行修饰，如调整颜色、起笔的位置、填充色彩等。turtle 模块也提供了这些功能。常用的控制画笔命令及功能如表 3-2 所示。

表 3-2 　常用的控制画笔命令及功能

命　令	功　能
down()	画笔落下，移动时绘制图形
up()	画笔抬起，移动时不绘制图形
reset()	恢复默认设置
clear()	清除画布上的图形
pensize(width)	画笔的宽度
pencolor(colorstring)	画笔的颜色（如果只是设置一个颜色，默认的填充色是黑色）
color(colorstring)	画笔的颜色（如果只是设置一个颜色，默认的填充色是与设置的颜色一样）
fillcolor(colorstring)	绘制图形的填充颜色
begin_fill()	开始填充
end_fill()	结束填充
seth(angle)	将画笔方向改为 angle，但不运动
goto(x,y)	将画笔移动到坐标为 (x,y) 指定的位置处
hideturtle()	隐藏画笔

begin_fill() 和 end_fill() 必须成对出现，其功能是将绘制的封闭图形填充上填充色所指定的颜色。

此外，turtle 中画笔的颜色有两种模式进行设置。一种是直接输入 red、green、blue 等具体颜色（默认方式）；第二种是 RGB 色彩体系。常用的颜色体系如表 3-3 所示。

表 3-3 　常用的颜色体系

英 文 名 称	RGB 整数值	RGB 小数值	中 文 名 称
white	255,255,255	1,1,1	白色
yellow	255,255,0	1,1,0	黄色
magenta	255,0,255	1,0,1	洋红
cyan	0,255,255	0,1,1	青色
blue	0,0,255	0,0,1	蓝色
black	0,0,0	0,0,0	黑色
purple	160,32,240	0.63,0.13,0.94	紫色

颜色值的设置远不止上面表中所描述的，有关颜色大家可以上网查询。

例如，设置画笔颜色为黄色，3 种方式的代码如图 3-12 所示。

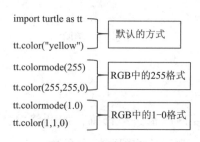

图 3-12 　颜色代码

例 3-6 绘制的矩形是一个黑色边框的，如果希望绘制一个红色边框红色填充的矩形，那么就需要调整画笔的颜色。如果希望这个红色的矩形绘制在画布的中间，那么就需要调整画笔起笔的位置。

还是以例 3-6 的矩形为例介绍。如果希望放在画布的中间，此时的画笔起始坐标应该是 (-50,-50)，如图 3-13 所示。

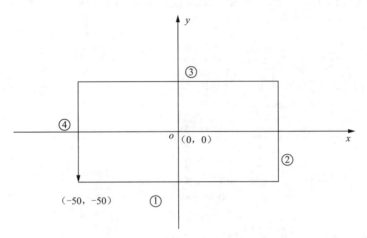

图 3-13 放置在画布中间的矩形

参考代码如下：

```
import turtle as tt
#绘制矩形
tt.up()                    #抬起画笔
tt.goto(-50,-50)           #移动画笔到坐标（-50,-50））
tt.down()                  #落下画笔
tt.color("red")            #将画笔颜色设置为红色
tt.begin_fill()            #开始填充
tt.fd(200)
tt.left(90)
tt.fd(100)
tt.left(90)
tt.fd(200)
tt.left(90)
tt.fd(100)
tt.end_fill()              #结束填充
```

⏻ 温馨提示：

①注意 begin_fill() 和 end_fill() 的位置。

②使用 goto() 命令前，要将画笔抬起来。如果没有 up() 语句，那么执行 goto() 命令时，会在画布上画出一根直线。

③执行 goto() 语句后，需要 down() 语句将画笔落下。如果没有 down() 语句，那么后面

的 fd() 等语句就无法在画布上画出直线。

④如果用 RGB255 模式来设置颜色的话，那么将 tt.color("red ") 改为：

```
tt.colormode(255)
tt.color(255,0,0)
```

除了调整画笔的位置外，如果要调整画布大小，那么可以借助 setup 完成设置。例如，要将画布大小调整为 1 000×500 像素，距离显示器左边 50 像素，上边 100 像素。代码调整如下：

```
#绘制矩形
import turtle as tt
tt.setup(1000,500,50,100)        #调整画布的宽为1 000，高为500，距离计算机屏幕左边距离是50,上边是100
tt.up()                          #抬起画笔
tt.goto(-50,-50)                 #移动画笔至 (-50, -50)
tt.down()                        #落下画笔
tt.fillcolor("red")              #设置填充色为红色
tt.begin_fill()                  #开始填充
tt.fd(200)
tt.left(90)
tt.fd(100)
tt.left(90)
tt.fd(200)
tt.left(90)
tt.fd(100)
tt.end_fill()                    #结束填充
```

上面的代码中，用 tt.fillcolor("red") 来设置填充色为红色，而前一段代码中用 color("red") 将画笔颜色设置为红色。用 tt.fillcolor("red") 设置后，绘制的长方形内填充色是红色，但边框颜色是默认的黑色；而用 color("red") 设置后，边框和填充色都是红色。要注意二者的异同，绘制图形时才能绘制出满意效果。

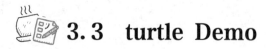

3.3 turtle Demo

前面介绍了 turtle 库中画笔常用的运动和控制命令，下面介绍 turtle 案例库。首先在 Python 交互窗口中选择 Help → Turtle Demo 命令，如图 3-14 所示，打开图 3-15 所示窗口。

此时单击 Examples，在打开的项目中选择案例名称，例如，选择 clock 后，左侧窗口中显示该项目的代码，单击最下面一行的 START 按钮,右侧窗口中显示时钟,如图 3-16 所示。

可以浏览专业人员开发的代码，查看运行代码后的效果。也可以借鉴专业人员开发的代码，构建自己的程序代码进行学习提升。

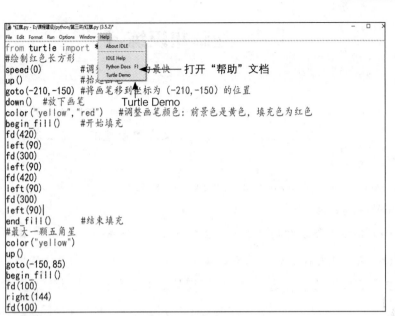

图 3-14　Help 菜单

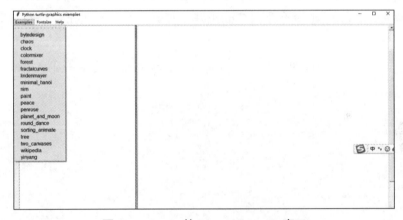

图 3-15　turtle 的 Demo Example 窗口

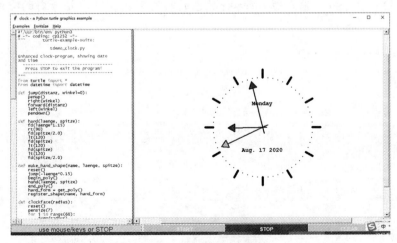

图 3-16　时钟代码和效果

基础知识练习

1. 填空题

（1）Python中，赋值语句有多种方式，其中要将变量x、y中保存的数据互换，应该使用的命令是（　　　）；如果将赋值语句：x=x+5改为增量赋值，那么命令是（　　　）；与x=x*5等价的赋值语句是（　　　）。

（2）将数据10.89同时赋值给变量a、b、c，命令是（　　　）。

（3）程序的结构分为（　　　）、（　　　）和（　　　）。

（4）导入turtle模块命令有两种格式，分别是（　　　）和（　　　）。

（5）在turtle中，坐标(0,0)位于画布的（　　　）。

（6）调整画笔位置的命令是（　　　），调整画笔速度的是（　　　），画笔速度最快的数字是（　　　）。

（7）为了移动画笔时不在画布上留下线条，应该用（　　　）将画笔抬起来。

（8）假设用import turtle命令导入了turtle库，那么在当前位置上，绘制一个半径为10像素的1/4圆弧，命令是（　　　）。

（9）绘制一个边长为100像素的等边三角形，将下面下画线空白处填上具体命令。

```
import  turtle  as  tt
a_____
tt.forward(a)
tt.left(120)
tt.forward(a)
tt.left(120)
tt.forward(a)
tt.left(120)
```

（10）要绘制一个红、蓝、绿、橙4种颜色的四边形，在下面括号内的空白处填写上正确命令。

```
import  turtle  as  tt
tt.color(      )
tt.fd(300)
tt.left(90)
tt.color(      )
tt.fd(300)
tt.left(90)
tt.color(      )
tt.fd(300)
tt.left(90)
tt.color(      )
```

```
tt.fd(300)
tt.left(90)
```

2. 选择题

（1）下面（   ）两个命令所实现的功能是一样的。（多选题）

　　A. x+=3　　　　　　B. x+3=a　　　　　C. x=x+3　　　　　D. x+=a

（2）x=y=3所实现的功能与（   ）是相同的。

　　A. x=3　　　　　　　　　　　　　　B. x=y and y=3

　　C. x==y and y==3　　　　　　　　　D. x=3

　　　　　　　　　　　　　　　　　　　　 y=3

（3）将1赋值给变量x，"a"赋值给变量y，["a","b"]赋值给z，下面（   ）是正确的。（多选题）

　　A. 1,"a",["a","b"]=x,y,z

　　B. x,y,z=1,"a",["a","b"]

　　C. x=1

　　　 y="a"

　　　 z=["a","b"]

　　D. x=1:y="a":z=["a","b"]

（4）在Python中，x,y=y,x语句的功能是（   ）。

　　A. 无法执行　　　　　　　　　　　B. x和y中的值互换

　　C. 语法错误　　　　　　　　　　　D. x和y中的值保持不变

（5）表达式2*4+10>2*5-100 or len("student")>=10的结果是（   ）。

　　A. 0　　　　　　　B. 1　　　　　　C. True　　　　　D. False

（6）下列描述中，不属于程序基本结构的是（   ）。

　　A. 顺序　　　　　　B. 循环　　　　　C. 分支　　　　　D. 自定义函数

（7）Python中，要利用海龟绘制一个四边形，首先应该用（   ）将其导入当前系统中。（多选题）

　　A. import　　　　　　　　　　　　B. from turtle

　　C. from turtle import *　　　　　　D. import turtle

（8）在Python中，将画笔恢复成默认设置的是（   ）。

　　A. pensize()　　　B. pencolor()　　　C. speed()　　　D. reset()

（9）在Python中，在绘制新图形前只清除之前的所有图形，应该用（   ）。

　　A. clear()　　　　B. up()　　　　　C. down()　　　　D. reset()

（10）利用turtle绘制图形，调整画笔坐标位置的是（   ）。（多选题）

A. forward()(或fd())　　B. up()　　　　　C. down()　　　　　D. goto()

（11）下列（　　）语句在Python中是非法的。

A. x = y = z = 1　　　　　　　　　　B. x =(y = z = 1)

C. x,y =y,x　　　　　　　　　　　　D. x+=y

（12）为了将画笔的线条变粗，使用的命令有（　　）。（多选题）

A. pensize()　　　　　B. penspeed()　　　　　C. pencolor()　　　　　D. width()

3. 判断题

（1）绘制图形时，添加背景色应该使用的命令是bgcolor。　　　　　　　（　　）

（2）一般情况下，程序的运行方向都是由上至下按顺序执行。　　　　　（　　）

（3）通过input输入的数据是数字型的。　　　　　　　　　　　　　　　（　　）

（4）利用turtle模块中的circle()方法，可以绘制半圆。　　　　　　　　（　　）

（5）利用turtle模块中的color()方法，既可以调整画笔的线条颜色，也可以调整填充色。　　　　　　　　　　　　　　　　　　　　　　　　　　　　　　　　（　　）

（6）利用turtle模块中的reset语句，可以将小海龟的设置恢复成默认值。　（　　）

操作实践

1.编写代码绘制一个矩形，要求矩形的边框颜色为红色，填充为黄色色。

2.设计代码画出图3-17所示的4条线（大小不重要，只要形状一样即可），并在结束图形绘制处显示done。

图 3-17　绘制线条实例

3.设计代码绘制五角星，外边框线的颜色为黄色，填充色为红色。

4.根据输入的边数，绘制多边形。例如，从键盘输入的数字是5，那么就绘制一个正五边形；如果输入的数字是6，那么就绘制一个正六边形。

5.设计代码绘制北斗七星。

6.设计代码绘制奥运五环，并设置五环的颜色。

第4章
Python 控制语句

虽然顺序结构可以解决许多问题，如计算圆面积、绘制五角星等，但遇到代码重复问题，或者根据条件选择不同的操作就无能为力了。为此，Python 提供了控制循环和选择的结构，来解决重复使用代码和选择不同操作的问题。

学习目标

- 熟练掌握 while 循环的结构与功能。
- 熟练掌握 for 循环、range() 函数。
- 熟练掌握 break、continue 的作用与使用方法。
- 掌握 pass 语句的作用。
- 了解多重循环、死循环。

4.1　循环结构

Python 的循环有两种：for 和 while。for 循环是基于固定次数的循环。一般来讲，事先已经知道循环次数，用 for 循环比较好。而 while 循环适用于各种情况。

循环语句执行过程如图 4-1 所示。如果循环条件不成立，那么执行循环体后面的后续语句；如果循环条件成立，那么执行循环语句下面的语句组（又称循环体），完成一轮循环；返回继续判断循环条件是否成立，如果循环条件仍然成立，那么继续执行循环体，完成一轮循环；返回继续判断循环条件是否成立……直到循环条件不成立，结束循环。

图 4-1 中的"语句组"可以是一条语句，也可以是多条语句。但无论是一条还是多条语句，都称为循环体。

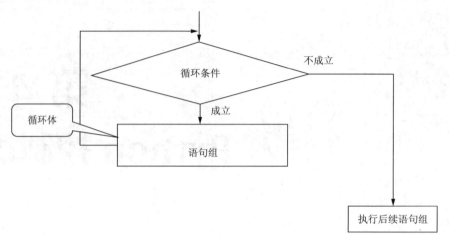

图 4-1　循环语句执行过程

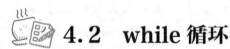 4.2　while 循环

无论循环的次数是否确定，都可以通过 while 语句来完成。

格式：

```
while 循环条件：
    循环体
[else：
    语句组]
```

功能：

（1）没有 else：如果循环条件成立，那么执行循环体，否则终止循环，并按照顺序执行后面的语句。

（2）有 else：如果循环条件成立，那么执行循环体，否则终止循环，执行 else 后面的语句组。

前面绘制矩形的代码，由 8 条语句构成：

```
import  turtle     #导入turtle
turtle.fd(200)  ┐
turtle.lt(90)   │ 这四行代码
turtle.fd(100)  │ 与下面的一
turtle.lt(90)   ┘ 组一模一样
turtle.fd(200)  ┐
turtle.lt(90)   │
turtle.fd(100)  │
turtle.lt(90)   ┘
```

在最后添加一行 turtle.lt(90)，目的是与前面 4 行代码一样。增加这一行，只是调整了画笔方向，对图形绘制没有影响。

可以发现前面的 4 行代码和后面的 4 行一模一样，即重复执行两次这 4 行代码（循环两次）。

再看看绘制五角星的代码，如果绘制边长为 300 像素的五角星，那么代码如下：

```
import turtle as star    #导入turtle,创建star对象
star.fd(300)    两行代码与下
star.rt(144)    面四组一样
star.fd(300)
star.rt(144)
star.fd(300)
star.rt(144)
star.fd(300)
star.rt(144)
star.fd(300)
star.rt(144)
```

出于同样的考虑，在最后一行也补上了一条语句 star.rt(144)。这行代码的作用也是调整画笔方向，对绘制图形没有影响。可以发现，每一组的两行代码都是相同，即两行代码被重复执行 5 次（循环 5 次）。

因为是重复执行相同的代码，所以可以将其转换为循环结构。代码如下：

```
#利用turtle绘制矩形
import  turtle            #导入turtle
x=0                       #创建循环变量x,并赋初值0
while x<2:                 #如果x小于2,循环体被执行一次
    turtle.fd(200)
    turtle.lt(90)        循环体
    turtle.fd(100)
    turtle.lt(90)
    x+=1                  #循环变量x在原基础上加1
#用turtle绘制五角星
import turtle as star     #导入turtle,创建star对象
x=0                       #创建循环变量x,并赋初值0
while x<5:                 #如果x小于5,循环体被执行一次
    star.fd(300)          #从当前位置向前绘制一个300像素的直线
    star.rt(144)          #从当前位置向右转144°
    x+=1                  #循环变量x在原来数值的基础上加1
```

从以上两个案例可以发现，通过循环减少了代码的数量，尤其是绘制五角星的代码。所以，在今后编写程序代码时要注意是不是在重复执行同样的操作，如果是，应考虑用循环结构取代顺序结构。重复执行代码的次数，就是循环的次数。

温馨提示：

while 循环条件的结尾，一定要有一个英文冒号。其次，循环体一定要缩进。

如果绘制红色边框线、黄色填充的五角星，应在 while 语句的前面设置颜色，然后再用 begin_fill() 和 end_fill() 进行填充。代码如下：

```
#绘制红色边框、黄色填充的五角星
import turtle as star       #导入turtle，并定义一个st对象
star.color("red","yellow")   #设置sart对象的外边框线颜色为红色，填充色为黄色
star.pensize(5)              #将star对象的线条调整为5
star.begin_fill()            #开始填充
i=1                          #设置循环变量i，并赋初始值1
while i<=5:                  #如果i小于等于5，执行循环体内语句，否则终止循环
    star.fd(200)            #绘制直线
    star.right(144)         #右转144°
    i+=1                    #修改循环变量值：在原有的基础上加1
star.end_fill()             #结束填充
```

思考：

能不能将 star.begin_fill() 放置在 while 循环体内？或者将 star.end_fill() 缩进至循环体内？

答：不能。begin_fill() 一定在开始绘制图形前设置，end_fill() 一定是绘制封闭图形完成之后，这样填充色才能被填入。

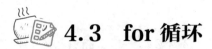

4.3 for 循环

for 循环也称迭代循环，可以遍历序列中的所有元素（如字符串、列表、元组）或其他可迭代对象。也就是说，它按照元素在可迭代对象中的顺序——迭代，并在处理完所有元素后自动结束循环。

格式：

```
for 循环变量 in  <序列/集合>:
    循环体
```

功能：for 循环可以遍历任何序列或集合结构中的所有项目，如一个列表、元组、字符串、集合，或者是能产生序列的 range() 函数。

生活中，我们做一件事重复做 5 次是可能的。但如果重复做一千次，甚至上万次，那就需要考虑用电子设备或机械设备来完成。同样，在 Python 中如果输出 5 遍 "hello"，可以用 5 条 print("hello") 语句。但如果输出 1000 遍 "hello"，写 1000 遍 print("hello") 语句也不现实。

如果用 while 循环打印 5 遍 hello，代码如下：

```
x=0              #创建循环变量x，并赋初值0
while x<5:
    print("hello")
    x=x+1 #修改循环变量的值
```

用 for 循环，就要确定循环的条件。而 range() 函数可以产生数值序列，用 range() 函数来控制循环次数就是不错的选择。代码如下：

```
for x in range(0,5):     #等价于range(5)
    print ("hello")
```

其中，x 是循环变量，range(0,5) 会自动生成 0、1、2、3、4，形成 5 次循环，执行 5 次 print 语句。

4.3.1　range() 函数

格式：

```
range ([start,]stop,[step])
```

功能：生成一个数字等差序列，序列的范围从 start 开始，按照步长到 stop-1（如果 step 是负数，那么是 stop+1）结束。具体说明如下：

（1）start：起始值，可选项。如果不选该项，默认为 0；如果选择该项，那么序列从 start 值开始。

（2）step：步长值，可选项。如果不选该项，默认为 1。例如，range(5) 等价于 range(0,5,1)。

① 如果指定 step 为 0，则会在窗口中显示 ValueError 异常错误信息。

② step 为正数时，第 i 个数由公式：start+step*i 生成，而 i>=0 并且第 i 个数 <stop。

③ step 为负数时，第 i 个数由公式：start+step*i 决定，而 i>=0 并且第 i 个数 >stop。

（3）stop：必选项，表示结束值。生成序列的最后一个值小于等于 stop－1。

例 4-1　range() 函数示例 1。

```
range(5,10)
```

start 是 5，stop 是 10，step 省略，默认为 1。

功能：生成一个从 5 开始，按照步长 1 递增到 10-1 的等差序列：5、6、7、8、9。

例 4-2　range() 函数示例 2。

```
range(0,10,3)
```

start 是 0，stop 是 10，step 是 3。

功能：从 0 开始，按照步长 3 递增到 10-1 的等差序列 0、3、6、9。

例 4-3　range() 函数示例 3。

```
range(-10,-100,-30)
```

start 是 -10，stop 是 -100，step 是 -30。

功能：从 -10 开始，按照步长 -30 递减到 -100+1 的等差序列 -10、-40、-70。

⏻ 温馨提示：

①当 range 中只有一个参数时，那这个参数是 stop；如果有两个参数，那么是 start、stop。

② Python3.x 版本中 range 与 2.x 的不同，例如：

Python2.x 版本：

```
>>> range(3)
[0,1,2]
```

Python3.x 版本：

```
>>> range(3)
range(3)
```

上述结果说明，Python2.x 版本中，range 返回的是一个列表；Python3.x 版本中，range 返回的不是列表。如果想生成列表或元组，要用 list() 或 tuple() 函数进行转换。

例4-4 执行下面代码，可以生成一个列表。

```
>>> list(range(3))
[0, 1, 2]
```

例4-5 执行下面代码，可以生成一个元组。

```
>>> tuple(range(3))
(0, 1, 2)
```

下面用 range() 函数和 for 循环来替代 while 循环。代码如下：

```
#利用turtle绘制矩形
import  turtle          #导入turtle
for x in range(2):      #循环2次
    turtle.fd(200)      #从当前位置向前画一条200像素的直线
    turtle.lt(90)       #向左转90°
    turtle.fd(100)      #从当前位置向前画一条100像素的直线
    turtle.lt(90)       #向左转90°
#利用turtle绘制五角星
import turtle as star   #导入turtle,创建star对象
for x in range(5):      #循环5次
    star.fd(300)        #从当前位置向前绘制一个300像素的直线
    star.rt(144)        #从当前位置向右转144°
```

上面的 range(2)、range(5) 是 for 循环中控制循环次数的，与 while 进行比较，可以了解 while 和 for 二者在控制循环上的异同。

4.3.2 遍历序列结构中的数据

for 循环与 range() 函数的完美配合，完成了矩形、五角星图形的绘制。那 for 循环和字符串、列表、元组等序列结构的数据配合，又能擦出怎样的火花呢？

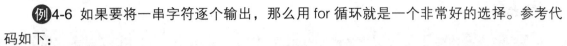

例4-6 如果要将一串字符逐个输出，那么用 for 循环就是一个非常好的选择。参考代码如下：

```
for letter in 'Python':      # 循环变量名是letter
    print('当前字母是: ',letter)
```

执行过程如下：

（1）第一次循环时，从左侧提取第一个字符 P 赋值给 letter，所以执行 print 语句后在窗口中显示的内容是"当前字母是:P"。

（2）第二次循环时，从左侧提取第二个字符 y 赋值给 letter，所以执行 print 语句后在窗口中显示的内容是"当前字母是:y"。

（3）第三次循环时，从左侧提取第三个字符 t 赋值给 letter，所以执行 print 语句后在窗口中显示的内容是"当前字母是:t"。

（4）第四次循环时，从左侧提取第四个字符 h 赋值给 letter，所以执行 print 语句后在窗口中显示的内容是"当前字母是:h"。

（5）第五次循环时，从左侧提取第五个字符 o 赋值给 letter，所以执行 print 语句后在窗口中显示的内容是"当前字母是:o"。

（6）第六次循环时，从左侧提取第六个字符 n 赋值给 letter，所以执行 print 语句后在窗口中显示的内容是"当前字母是:n"。

因此，上述代码运行后，窗口中显示的内容如下所示：

```
当前字母是: P
当前字母是: y
当前字母是: t
当前字母是: h
当前字母是: o
当前字母是: n
```

从上面案例中，已经清楚 for 循环遍历字符串的具体过程。同理，for 也可以遍历列表、元组中所有元素。

while 与 for 一样，也可以将字符串、列表、元组中数据遍历一遍，方法是通过索引操作。

例4-7 假设 fruits = ['banana','apple','mango']，通过 fruits[0]、fruits[1]、fruits[2]，就可以获得 'banana'、'apple'、'mango'。

参考代码如下：

```
fruits = ['banana','apple','mango']
for x in range(3):
    print(fruits[x])
```

或者：

```
fruits = ['banana','apple','mango']
x=0
while x<3:
    print(fruits[x])
    x+=1
```

现在借助循环和列表的索引操作，将前面绘制的图形代码做点调整。

例4-8 绘制5种颜色不同边框线的五角星，代码如下：

```
#绘制5种颜色不同边框线的五角星
import turtle as star    #导入turtle,创建star对象
s=("red","blue","green","brown","yellow")    #设置5种颜色
star.pensize(7)          #调整画笔线条粗细为7
for x in range(5):       #循环5次
    star.color(s[x])     #从列表中提取颜色
    star.fd(300)
    star.rt(144)
```

因为绘制五角星是5条边，所以range()函数中是5。并且借助color(s[x])的方式来设置画笔的颜色。

本案例中，range(5)也可以改为range(len(s))。同样，也可以绘制出不同颜色边框线的正方形，请参照五角星的方法写出正方形的代码。

生活中的问题，解决方案可能不是简单几行代码就能解决，如绘制奥运五环，如图4-2所示。观察图4-2后，可以将问题分解成3个问题：圆环大小、圆环的位置与颜色、写字。

例4-9 绘制图4-2所示的图形（奥运五环和文字）。

图4-2 奥运五环

分析：

（1）圆环大小：假设圆环直径是100像素。

（2）圆环位置和颜色：奥运五环在画布上的位置如图 4-2 所示，水平方向上的两个圆环间的间距为 10 像素。假设先绘制最左侧的蓝色环，坐标是（-310,0）；黑色环，坐标是（-100,0）；红色环，坐标是 (110,0)；橙色环，坐标是 (-205,-100)；绿色环，坐标是 (5,-100)；绘制圆时，还要考虑是顺时针还是逆时针。如果希望从当前位置顺时针方向开始绘制，那半径应是负数，并且在绘制圆之前，要将画笔方向调整为垂直向上（seth(90)）；。

（3）写 one world one dream。确定位置：根据图 4-2 所示，文字起笔位置是 (-300,100)，调整颜色为棕色，再利用 write 写字：write("one world one dream",font=("impact",50))。

奥运五环的圆环线条较粗，所以在绘制圆环前需要调整，假设设置 pensize 为 5。另外，绘制图形多时，应将画笔速度调得快一些，此处调整为最快：speed(0)。参照上面步骤写出的代码如下：

```
#绘制奥运五环
import turtle as tt        #导入turtle
tt.pensize(5)              #调整画笔粗细
tt.speed(0)               #调整画笔速度为最快
#绘制蓝色环
tt.color("blue")          #调整画笔颜色为蓝色
tt.up()                   #抬起画笔
tt.goto(-310,0)           #将画笔移到坐标（-310,0）处
tt.down()                 #落下画笔
tt.seth(90)               #调整画笔方向
tt.circle(-100)           #画半径为100像素的圆
#绘制黑色环
tt.color("black")         #调整画笔颜色为黑色
tt.up()                   #抬起画笔
tt.goto(-100,0)           #将画笔移到坐标（-100,0）处
tt.down()                 #落下画笔
tt.seth(90)               #调整画笔方向
tt.circle(-100)           #顺时针方向绘制半径为100像素的圆
#绘制红色环
tt.color("red")           #调整画笔颜色为红色
tt.up()                   #抬起画笔
tt.goto(110,0)            #将画笔移到坐标（110,0）处
tt.down()                 #落下画笔
tt.seth(90)               #调整画笔方向
tt.circle(-100)           #画半径为100像素的圆
#绘制橙色环
tt.color("orange")        #调整画笔颜色为橙色
tt.up()                   #抬起画笔
tt.goto(-205,-100)        #将画笔移到坐标（-205,-100）处
tt.down()                 #落下画笔
```

```
tt.seth(90)                #调整画笔方向
tt.circle(-100)            #画半径为100像素的圆
#绘制绿色环
tt.color("green")          #调整画笔颜色为绿色
tt.up()                    #抬起画笔
tt.goto(5,-100)            #将画笔移到坐标（5，-100）处
tt.down()                  #落下画笔
tt.seth(90)                #调整画笔方向
tt.circle(-100)            #画半径为100像素的圆
tt.color("brown")          #设置画笔颜色为棕色
tt.up()
tt.goto(-300,100)
tt.down()
tt.write("one world one dream",font=("impact",50)) #写字：one world one dream
```

在编辑器窗口中输入上述代码后，保存并运行，就会得到想要的奥运五环图形。

仔细看看上面的代码，每一个圆环除了颜色、位置不同外，它们的代码都一样。这样的情况应考虑用循环。那如何解决颜色和坐标问题？答案是列表或元组。

例如，用 colors 表示颜色，定义如下：

```
colors=("blue","black","red","orange","green")
```

用 pos（postion 缩写）表示圆环的坐标，因为画布上的坐标是由水平坐标 x 的值和垂直坐标 y 的值构成，所以在定义时用引号（或圆括号）把坐标定义成一个字符串（或元组）。定义如下：

```
pos=["-310,0","-100,0","110,0","-205,-100","5,-100"]
```

通过索引操作访问 colors 中的数据：colors[0] 是 "blue"，colors[1] 是 "black"，colors[2] 是 "red"，colors[3] 是 "orange"，colors[4] 是 "green"。

同理，坐标的访问也是通过索引操作，如 pos[0] 是 "-310,0"，那么 goto(eval(pos[0]))，就是 goto(-310,0)……pos[4] 是 "5,-100"，那么 goto(eval(pos[4])) 就是 goto(5,-100)。

💡 注意：

colors 后面引用的数字 0、1、2、3、4，可以用 range(5) 生成，所以借助 for 和 range() 函数完成对 colors 和 pos 中元素的引用，代码如下：

```
import turtle as tt    #导入turtle
tt.pensize(5)          #调整画笔粗细
tt.speed(0)            #调整画笔速度为最快
colors=("blue","black","red","orange","green")            #五环的5种颜色
pos=["-310,0","-100,0","110,0","-205,-100","5,-100"]      #五环的位置坐标
#绘制五环
for x in  range(5):
    tt.color(colors[x])        #调整画笔颜色
```

```
    tt.up()                      #抬起画笔
    tt.goto(eval(pos[x]))        #移动画笔到需要绘制每个环的坐标位置处
    tt.down()                    #落下画笔
    tt.seth(90)                  #调整画笔方向
    tt.circle(-100)              #画半径为100像素的圆
#写one world one dream
tt.color("brown")                #设置画笔颜色为棕色
tt.up()
tt.goto(-300,100)
tt.down()
tt.write("one world one dream",font=("impact",50))  #写字
```

例4-10　绘制图 4-3 所示的回字形。

图 4-3　回字形

分析：

（1）观察上面的图形，发现是在重复绘制正方形，只不过正方形的每一个边都比里面的边要长出来一点点。那这个长出来的怎样用代码来描述？假设边长用 a 表示，那么外面的边长如何做到每一个边的边长比前一个长一点点？你是不是想到了加法，比如 a+5？大家可以试一试，看看效果是否理想。我们的方法是用放大倍数的方式，比如 a*3，或者再大一些 a*5。

（2）循环次数问题。要想获得回字形效果，循环的次数就不可能像正方形是 4 次，需要增加循环次数。如 50，参考代码如下：

```
import turtle as tt    #导入turtle
tt.pensize(3)          #调整画笔宽度为3
#回字形
for a in range(50):
    tt.fd(3*a)
    tt.right(90)
```

其实上面的图形还可以更美观一些，如 4 条边的颜色不同（如分别为蓝、紫、黄和绿），右转角度不是 90° 而是 91° （效果见图 4-4）。并参考前面奥运五环中颜色设置方法，写出图 4-4 所示图形的代码。

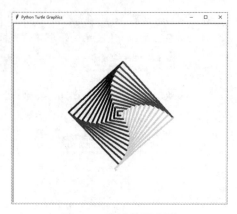

图 4-4　改进的回字形

举一反三：

图 4-3 中的效果是通过绘制正方形方式完成的，大家也可以将其换成等边三角形、正五边形、正六边形……也可以设计成一个小游戏，先问"想绘制的图形有几条边"，接着再问"每个边的颜色是什么"，最后根据从键盘输入的边数和颜色来绘制图形。

绘制图形确实有趣，但不能忽略数值计算。下面介绍生活中求和、求积问题的解决方法，如前 n 个自然数的和或积。为方便讲解，我们就以前 10 个自然数的和为例进行介绍。

例 4-11 计算前 10 个自然数的和：1+2+3+…+10。

分析：

（1）确定一个变量来存放求和的结果。假设将求和结果存放在 sum_1 中。

（2）求和。同学们可能会想，直接将公式 1+2+3+…+10 赋值给变量 sum_1，不就可以了吗？但问题是，如果是计算 1~100 之间的和，甚至是 1~1 000 000 之间的和呢？显然，这个直接将公式赋值给 sum_1 的方法是行不通的。那怎样获得这个计算结果呢？

设置一个变量，如 num，它的值从 1 变化到 2，再由 2 变化为到 3……最后是 10；sum_1 初始值是 0，然后如下计算：

当 num 为 1 时，将 1+sum_1 的结果赋值给 sum_1；完成前 1 个数的和，并将结果存放在 sum_1 中。

当 num 为 2 时，将 2+sum_1（此时 sum_1 中保存着前 1 个数的和的结果）的结果赋值给 sum_1；完成了前 2 个数的和，即 1+2，并将结果存放在 sum_1 中。

当 num 为 3 时，将 3+sum_1（此时 sum_1 中保存着前 2 个数的和的结果）的结果赋值给 sum_1；完成了前 3 个数的和，即 1+2+3，并将结果存放在 sum_1 中。

当 num 为 4 时，将 4+sum_1 的结果赋值给 sum_1；完成了前 4 个数的和，即 1+2+3+4，并将结果存放在 sum_1 中。

……

当 num 为 10 时，将 10+sum_1 的结果赋值给 sum_1；完成了前 10 个数的和，即

1+2+3+4+5+6+7+8+9+10，并将结果存放在 sum_1 中。

通过上述讲解过程可以发现，上面步骤在反复执行代码 sum_1= num +sum_1。所以，sum_1= num+sum_1 应放在循环体内；而 num 从 1 变化到 10，可以用 range（1，11）来完成。

参考代码如下：

```
#求1到10的和
sum_1=0    #设置变量sum_1，并赋初始值为0
for num in range(1,11):
    sum_1= num +sum_1
print("1+2+3+···+10的和: ",sum_1)
```

运行上述代码后，窗口中显示的结果是：

```
1+2+3+···+10的和: 55
```

拓展思考：

① 上面的代码完成了 1~10 之间的数据和。如果求 1 到任意一个数（如 1000、10000……）之间的数据和，可添加一行代码：n=int(input(" 请输入一个正整数 "))，并将 range(1,11) 换成 range(1,n+1)，问题就得到了解决。

② 如果将 for 循环改为 while，代码该如何调整？

同理，也可以计算奇数、偶数的和。

例 4-12 计算 1~100 之间的偶数和，参考代码如下：

```
x,s=1,0               #循环变量x赋初值1，求和结果存放在s中，赋初值0
while x<=100:
   if x%2==0:          #如果x能被2整除
      s=s+x            #求和
   x=x+1
print("1到100之间的偶数和=",s)
```

其中，条件 if x%2==0 也可以用 if x/2==int(x/2)。如果求奇数和，代码应如何调整？

例 4-13 将 1~10 之间的偶数，按照 10、8、6、4、2 顺序输出。

如果用 for 循环，非常简单。代码如下：

```
for i in range(10,0,-1):
    if i%2==0:        #如果i能被2整除
        print(i)      #输出能被2整除的数
```

如果用 while 循环，那么与上面 1~10 之间的求和相似。代码如下：

```
#将1~10之间的偶数按照10、8、6、4、2输出
i=10  #设置循环变量x，赋初始值10
while i>0:                        #如果循环变量i大于0，那么执行循环体
    if i/2==int(i/2):            #如果i能被2整除
    print(i)                     #输出能被2整除的数
    i-=1                         #循环变量减1
```

例4-14 设计代码完成计算 1*2*3*4*5*…*n 的值（n 的阶乘，n！）。

阶乘的计算与求和很相似，将运算符"+"换成"*"；初值不能是 0 而是 1，因为 0 乘任何数都是 0，而 1 乘任何数都不会改变数值大小。流程图如图 4-5 所示。

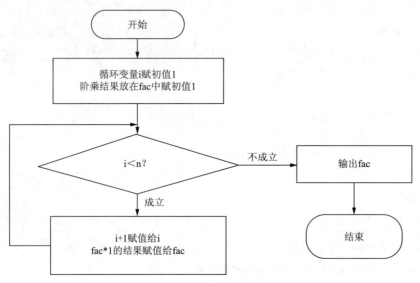

图 4-5　阶乘流程图

代码如下：

```
#求1*2*3*4*5*…*n
fac=i=1              #阶乘结果存放在fac中，循环变量i，均赋初值1
n=int(input("请输入一个自然数"))
while i<=n:           #如果i小于等于n，那么执行循环体内的语句
    fac=fac*i        #计算阶乘
    i=i+1            #循环变量i的值加1
print("1到",n,"阶乘=", fac)
```

例4-15 现在做一个小游戏。将一组数（这组数个数不定且无序）分成奇数一组、偶数一组。

为了好理解，将这个问题分成两个阶段：

第一个阶段：对一组已知数，假设这组数是 12、37、5、42、8、3，那么将这组数分成一组奇数 37、5、3 和一组偶数 12、42、8。

第二个阶段：对任意一组数。

分析（第一个阶段问题）：

（1）上面的几个数，用什么类型来定义它比较好呢？假设存放到 numbers 中。

答：因为是一组数，所以 numbers 的类型是列表或元组比较合适。

（2）挑选出来的一组奇数和偶数，用什么类型比较好呢？假设 odd 中存放挑出来的奇数，even 中存放挑出来的偶数。

答：因为每挑出一个奇数（或偶数）就要将它添加到 odd（或 even）中，所以 odd、even 的类型应是列表（因为元组一旦定义就不能修改，所以不能选元组）。

列表支持的操作如下：向列表中添加元素命令：在列表末尾添加元素用 append，在列表中间插入一个元素用 insert；删除列表中元素：pop、del；返回列表对象的长度 len（列表）。

（3）分组：

① 从 numbers 中提取数据（用 pop() 或者索引操作）。

② 判断取出的数据是否能被 2 整除，如果能，将此数添加到 even 中，否则添加到 odd 中。

③ 判断 numbers 中的数据是不是都已经取出，如果是，结束。否则返回①。

根据上面的介绍，假设用 pop() 方法提取列表元素，那么流程图如图 4-6 所示。

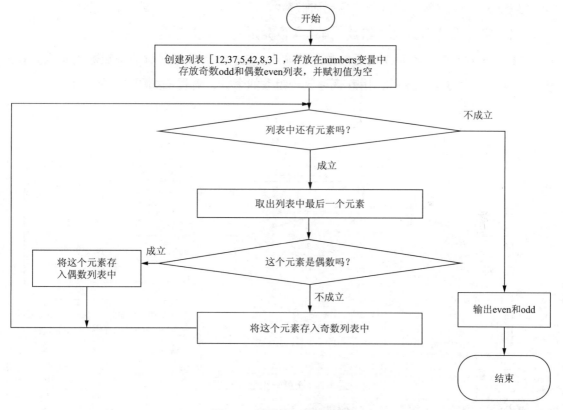

图 4-6　挑选奇、偶数流程

具体实施过程如下：

（1）将一组数存放在列表变量 numbers 中，命令是：numbers= [12,37,5,42,8,3]。

（2）定义两个空列表 odd 和 even，用于存放奇数和偶数。命令是：even=[] 和 odd=[]。

循环终止的条件用什么比较合适呢？大家想想，如果用 pop() 方式获取元素，那么当 numbers 变为空列表时，循环就结束。即当 len() 函数的值变为 0 时，循环结束。一组数分为奇、偶两组数的参考代码如下：

```
#将一组数12,37,5,42,8,3分成奇数一组、偶数一组
numbers=[12,37,5,42,8,3]
even=[]
odd=[]
while   len(numbers)>0:
    number=numbers.pop()
    if   number%2==0:
            even.append(number)
    else:
            odd.append(number)
print(even,odd)
```

分析（第二个阶段问题）：

如果是任意一组数，那么代码该如何调整？

这个问题的核心是任意一组数，那么可以先定义一个空列表，然后每输入一个数，就将这个数添加到列表中，直至所有的数全部输入。这样，就完成了任意一组数的问题。假设用 numbers 来存放这一组数，用 n 来存放一组数的个数，流程图如图 4-7 所示。

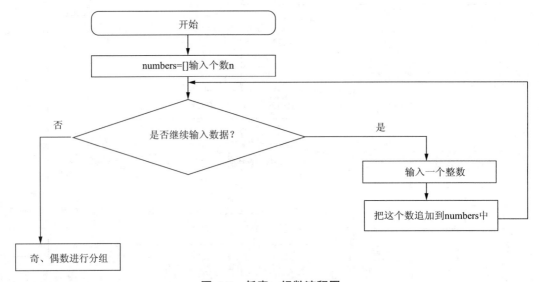

图 4-7　任意一组数流程图

输入任意个数的一组数参考代码如下：

```
#将一组数输入到numbers中
numbers=[]                              #numbers初始化，空列表
n=int(input("请输入这组数的个数"))       #明确要输入几个数
for i in range(n):
    x=eval(input("请输入一个整数"))      #从键盘输入数
    numbers.append(x)                    #将输入的数追加到numbers中
```

🔆 拓展思考：

如果本案例从numbers中提取元素的方法改用索引操作,那奇、偶数分组的代码该如何调整?

4.4　break 和 continue 语句

无论是 while，还是 for，只有当循环条件不成立时，才会终止循环。但生活中往往存在当某个条件满足了，需要结束当前循环，或者结束本轮循环回到 while 或 for 语句的需求。这时，就可以在循环体中用两个语句：break 和 continue 来实现。

4.4.1　break 语句

break 语句适用于任何一种循环语句，一般放在循环体的 if 语句的分支中。

格式：

```
break
```

功能：结束当前循环，从当前循环中跳出，执行循环体后面的语句，如图 4-8 所示的语句组 3。

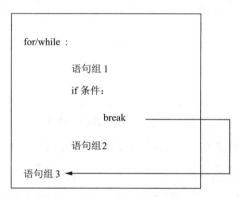

图 4-8　break 语句的作用

例4-16 计算前 n 个自然数的和，如果数据的和超过 5000 则停止计算，输出最后的求和结果。

分析：

（1）获取 n：用 input 实现。

（2）计算 1~n 的和。

（3）如果求和的结果超过 5000，则停止计算，结束循环（break）。

参考代码如下：

```
#求前n个数的和
n=int(input("请输入一个正整数"))
sum1=0               #创建求和变量sum1，赋初值0
for var1 in range(1,n+1):
    sum1+=var1       #数据求和
    if sum1>5000:
```

```
        break        #如果求和结果超过5000，结束循环
    print(var1,sum1)    #输出var1和求和的结果
```

4.4.2 continue 语句

continue 语句与 break 语句一样也适用于任何一种循环语句，一般也放在循环体的某个 if 语句的分支中。

格式：

```
continue
```

功能：中断 continue 后面的语句执行，结束本轮循环，返回 for 或 while，如图 4-9 所示。

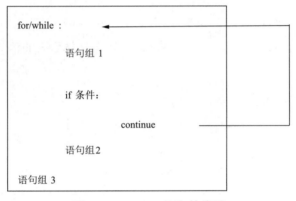

图 4-9　continue 语句的作用

continue 语句与 break 语句的作用不同之处在于：continue 语句是结束本轮循环，而break 语句是结束当前循环。

例4-17　输入任意一个字符串，然后统计字符串中不是字母 t 的字符个数。

分析：

（1）输入一串字符，存入 str_1。用 input 完成。

（2）判断不是字母 t 的字符个数，统计字符个数的结果存入 n。操作过程如下：

① 从左边开始提取字符。

② 判断提取的字符是否等于 t，如果不是，那么将当前变量 n 的值加 1 后赋值给 n。

③ 字符串中的字符提取完了吗？如果没有，返回①；如果是，那么结束循环。

（3）输出 n，结束。

参考代码如下：

```
n=0
str_1=input("请输入字符")
for var1 in str_1:
    if var1=="t":
        continue    #如果var1中的数据是字母t，结束本轮循环返回到for
```

```
    n+=1
print ("不是字母t的个数是", n)
```

例4-18　执行下面代码，看看能获得什么结果。

```
for i in range(10,0,-1):
  if i%2!=0:
    continue   #如果i被2除的余数不等于零，那么结束本轮循环返回for
  print(i,end=",")
```

窗口中显示的结果是：

```
10,8,6,4,2,
```

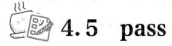

4.5　pass

Python 提供了一个保留字 pass，是一个空操作。当 pass 被执行时，什么操作都不会被执行。所以，编程中，当代码还没有确定下来该如何编写时，可以在这里先用 pass 占位。当确定代码后，再用实际代码来替换 pass。

格式：

```
pass
```

功能：空操作。

例4-19　对一组数 [12,37,5,42,8,3] 按照由小到大排列。

目前还不知道该如何编写代码实现，可以用 pass。代码如下：

```
num=[12,37,5,42,8,3]
n=0
while 1:
  pass
```

这段代码中，用 pass 占位。

4.6　多重循环

生活中的问题有简单也有复杂的，当问题复杂时，可能用一重循环无法解决，可以考虑用多重循环。while 嵌套循环格式如下：

格式：

```
while 条件表达式1:
    语句组1
    while 条件表达式2:
        语句组2
语句组3
```

执行过程：

（1）判断条件表达式 1 是否成立，如果不成立，跳转到（4）；否则执行语句组 1。

（2）判断条件表达式 2 是否成立，如果成立，执行语句组 2；返回 while，再判断条件表达式 2 是否成立，如果成立，执行语句组 2……直到表达式 2 不成立，内层的 while 循环结束。

（3）返回到（1）。

（4）结束循环，执行语句组 3。

也就是说，每执行一次外层循环后，内层的 while 循环都要重复执行，直到内循环条件不成立而结束，再返回到外循环，判断外循环的条件是否成立……直到外循环条件不成立，结束外循环。

例4-20 计算 1！+2！+3！+…+n！。

这个计算问题，可以分成两个子问题：求和、阶乘。

参考代码如下：

```
n=int(input("请输入一个自然数"))
sum1=0          #求和结果存放在sum1中
fac=1           #阶乘的结果存放在fac中
i=j=1           #循环变量i、j，控制循环次数
while i<=n:
    while j<=i:          这段代码计算：      计算：
        fac=fac*j        1*2*…*i           1!+2!+…+n!
        j+=1
    sum1=sum1+fac
    i+=1
print(sum1)
```

为了方便验证效果，运行上面的代码后，输入 3 并按【Enter】键后，窗口中显示 9。这是 1+1*2+1*2*3 的结果，也就是前 3 个数的阶乘和。

4.7 死循环

所谓死循环，是指循环一直被执行，永远不结束。在 while、for 循环时，如果循环条件设置得不好，就可能会出现死循环。例如，while 后面的循环条件设置成 True，就是死循环。

例4-21 死循环示例。

```
while 1:
    print("hello")
```

上述代码被执行后，由于 while 后面的 1 表示循环条件是 True，这样 while 后面的循环条件永远都成立，因此下面的 print("hello") 语句被反复执行无法结束。

但这种情况如果好好加以利用，也能取得不错的效果。例如，前面介绍的一组数分成奇数一组、偶数一组的问题，如果用 while True 的方法，也能获得同样的效果。

```python
#将一组数分成奇偶两组数
#将数据保存到列表numbers中
numbers=[12,37,5,42,8,3]
#定义偶数列表变量even，奇数列表变量odd
even=[]
odd=[]
while  True:
    number=numbers.pop()
    if  number%2==0:
        even.insert(0,number)
    else:
        odd.insert(0,number)
    if len(numbers)==0:
        break
print(even,odd)    #输出分完之后的一组偶数、奇数
```

基础知识练习

1. 填空题

（1）Python中，while循环的语法格式是（　　　），for循环的语法格式是（　　　）。

（2）range()函数是Python的内置函数，调用该函数可以生成一个迭代序列。例如，range(1,10,2)可以得到的序列是（　　　）；range(n,m)可以得到的迭代序列是（　　　）。

（3）list(range(5))的结果是（　　　）。

（4）tuple(range(0,10,3))的结果是（　　　）。

（5）如果生成一个列表[0,5,10,15,20]，那么应该用（　　　）来实现。

（6）（　　　）可以结束当前的循环；而借助于（　　　）可以结束本轮循环，回到while或for语句。

（7）执行下列命令实现的功能，用一句话描述（　　　）。

```python
from turtle import *
s=["red","blue","green","brown"]
for k in range(4):
    color(s[k])
    fd(100)
    left(90)
```

（8）执行下面代码后，窗口中显示（　　　）。

```
s="red"
for i in s:
    print(i,end=",")
```

（9）下面代码运行后，窗口中显示（　　　）。

```
a,b,c=7,0,1
for i in range(1,a+1):
    b=b+i
    c=c+b
print(c)
```

（10）执行下面代码，系统会进入（　　　）状态。编程时要避免出现上述问题，如果不小心进入这种状态，可以按（　　　）组合键来终止这种状态。

```
while True:
    print("循环")
```

（11）运行下面代码后，窗口中显示（　　　）。

```
s=0
for i in range(1,20):
    if i%10==0:
        break
    if i%2==0:
        s=s+i
print(s)
```

（12）计算 0~100之间能被3整除但不能被10 整除的数据和。请在下画线处写上正确的代码。

```
s=i=0
while  i<=100:
    i+=1
    if i%10==0:
        _____
    if i%3==0:
        s=s+i
print(s)
```

（13）计算1*2*3的值，请在下画线处写上合适的代码。

```
p=3
i=s=1
while i<=p:
    _____
    i=i+1
print(s)
```

（14）以下代码运行后，窗口中显示（　　　）。

```
for i in range(10,0,-1):
```

```
    if i%3!=0:
        continue
    print(i)
```

（15）执行以下代码后，结果是（　　　）。

```
s=("red","blue","green","brown")
for i in range(3):
    if i%2==0:
        print(s[i%4],end=",")
```

2. 选择题

（1）对下列语句不符合语法要求的表达式是（　　　）。

```
for var_1 in _____ :
    print (var_1)
```

  A. range(0,10)   B. "Hello"   C. (1,2,3)   D. {1,2,3,4,5}

（2）假设变量x未曾赋值，那么下面错误的是（　　　）。

  A、x+=1   B、x=input()

  C、x=23+4j   D、x=eval(input())

（3）下面代码被执行后，循环体被执行了（　　　）次，print语句被执行了（　　　）次。

```
x=y=0
for i in range(10):
    x+=2
    y+=1
    z=x/y
print(x,y)
```

  A.1   B.9   C.10   D.11

（4）下面代码中，（　　　）不是计算前100个数的偶数和。

  A.

```
sum1=0
for i in range(0,101,2):
    sum1=sum1+i
print("sum1=",sum1)
```

  B.

```
sum2=0
for i in range(1,101):
    if i/2==int(i/2):
        sum2+=i
print("sum2=",sum2)
```

  C.

```
sum3=0
for i in range(1,101):
    if i%2==0:
        sum3+=i
print("sum3=",sum3)
```

  D.

```
for k in range(1,101,2):
    sum4+=k
print("sum4=",sum4)
```

（5）下面代码中循环体执行的次数是（　　　）。

```
var1 = 10
```

```
while var1 > =0:
    print('当前变量值 :', var1)
    var1=var1 -1
    if var1==5:
        break
print ("Good bye!")
```

      A.10   B.5   C.6   D.11

（6）下面（　　）运行后窗口中显示 2 4 6 8 10。（多选题）

A.
```
i=1
while i<=10:
    i+=1
    if i%2>0:
        continue
    print(i,end="")
```

B.
```
i=1
while i<10:
    i+=1
    if i%2>0:
        continue
    print(i,end="")
```

C.
```
i=1
while i<10:
    i+=2
    if i%2>0:
        continue
    print(i,end="")
```

D.
```
i=1
while 1:
    print(i,end="")
    i+=1
    if i>10:
        break
```

（7）下面（　　）运行后，窗口中显示 h。

A.
```
for letter in 'Python':
    if letter=='h':
        break
    print ('当前字母 :',letter)
```

B.
```
for letter in 'Python':
    if letter=='h':
        continue
    print( '当前字母 :',letter)
```

C.
```
for letter in 'Python':
    if letter!='h':
        break
    print ('当前字母 :',letter)
```

D.
```
for letter in 'Python':
    if letter!='h':
        continue
    print( '当前字母 :',letter)
```

（8）下面的（　　）代码运行后是死循环。（多选题）

A.
```
var 1=1
while  1:
    num=input("Enter a number:")
    print("You entered: ", num)
 print( "Good bye!")
```

B.
```
var1=1
while var1!=1:
    num=input("Enter a number:")
    print("You entered: ", num)
 print( "Good bye!")
```

C.

```
var1=0
while var1==1 :
    num=input("Enter a number:")
    print("You entered: ", num)
 print( "Good bye!")
```

D.

```
while 3 :
    num=input("Enter a number:")
    print("You entered: ", num)
 print( "Good bye!")
```

3. 判断题

（1）通过break语句，就可以实现结束当前循环的功能。　　　（　　）

（2）如果结束本轮循环返回for循环或while循环，应该用break语句。　　　（　　）

（3）如果while语句后面的条件成立，那么while语句下面的循环体将被执行一次。

（　　）

（4）用while 1开始的循环，循环体中一定要有一个continue语句结束循环。　　　（　　）

（5）while语句和for语句功能是一样的，所以它们可以相互替代。　　　（　　）

 操作实践

1. 编写代码绘制图 4-10 所示图形。

图 4-10　操作实践 1

2. 用 while 和 for 两种方法，绘制五星红旗。

3. 编写代码绘制如图 4-11 所示的图形，一圈与一圈的颜色不同。

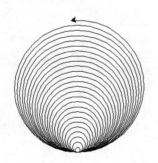

图 4-11　操作实践 3

4.编写代码完成：通过键盘输入任意一个自然数 n 和任意个数的一组数，然后将这组数分成 n 的倍数和不是 n 的倍数两组。

第 5 章
分支结构

我们在学习或生活中，经常面临不同的条件选择不同的行动。如大家填报志愿时，会根据自己的分数、学校往年录取分数、个人的喜好等多种条件来选择自己向往的学校。Python 中，为解决此类问题，提供了分支结构（或称选择结构）if 语句来实现。例如，第 4 章中的"将一组数分成奇偶两组数"案例，通过 if 语句和 break 语句的配合，在符合条件时终止当前循环的操作。

学习目标

- 熟练掌握关系运算符、逻辑运算符，及其逻辑表达式。
- 熟练掌握单分支（或单选择）结构的用法。
- 熟练掌握双分支（或双选择）结构的用法。
- 掌握多分支（或多选择）结构的用法。
- 掌握 if 语句嵌套的用法。

 5.1 条件分支语句

对循环语句和条件分支语句来讲，条件判断是关键，对于这部分的知识，请大家参考第 2 章 2.4 节中的内容。由于布尔值的特殊性，所以重温一下布尔值的概念。

5.1.1 布尔值

真值（True）和假值（False）也称布尔值，是逻辑表达式或比较运算后的结果。例如，11>=10 and -2<-5 的结果是 False，1 in [1,2,3] 的结果是 True。而下面的值在作为布尔表达式的时候，会被 Python 的解释器认作假（False）：False、None、0、""、()、[]、{}。

也就是说，除了标准的 False 和 None，数字类型的 0 和 0.0、空序列（如空的字符串、空的元组、空的列表）及空的字典都为假。余下的所有数据，都被解释为真。

例如，数字 1、1.0、-1.0、10、10.0、-10 等非零值都被解释为真。True、False 在参与数值计算时，True 代表 1，False 代表 0，如图 5-1 所示。

布尔值 True 和 False 属于布尔类型，而 bool() 函数可以将其他类型的数据转化为布尔值，如图 5-2 所示。

```
>>> True
True
>>> False
False
>>> 1
1
>>> 1==True        右侧的 True 相对于
True               1，False 相当于 0
>>> 1==False
False
>>> 0==False
True
>>> True+False+10
11
```

图 5-1　布尔值

```
>>> bool("abc")
True
>>> bool(-1.9)
True
>>> bool([1,2,3])
True
>>> bool((1,2))
True
```

图 5-2　布尔函数（True）

图 5-1 和图 5-2 说明，非空字符串、列表、元组、数值的布尔值均是 True。而图 5-3 所示的案例与上面的案例正好相反。

```
>>> bool([])
False
>>> bool(0)
False
>>> bool("")
False
>>> bool(())
False
```

图 5-3　布尔函数（False）

在 Python 3.X 版本中，所有的值都可以用作布尔值，所以不需要对它们进行显式转换。

5.1.2　单分支结构

单分支结构是最简单的一种选择结构，只有一种选择。格式如下：

格式：

```
if  <条件>:
        语句组
```

说明：

if 后面的"条件"是一个逻辑表达式，其结果是真（True）或假（False）。

功能：如果"条件"的结果是 True，那么执行语句组。

单分支结构的流程图如图 5-4 所示。

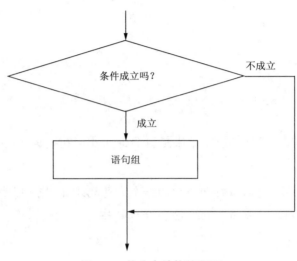

图 5-4　单分支结构流程图

例5-1　输入年龄，如果年龄小于 20，则窗口中显示"你太年轻啦！"。

分析：

（1）指定一个变量：age 保存输入的年龄。

（2）获得年龄的值：input 语句。

（3）根据条件显示信息：用 if 语句。

代码如下：

```
age=eval(input("请输入你的年龄")) #从键盘输入年龄
if age<=20:
    print("你太年轻啦！")
```

例5-2　从键盘输入一个数，然后判断此数。如果该数大于零，则窗口中显示"此数大于零"；否则显示"此数小于等于零"。

这个案例与上面案例的工作原理基本一样，假设从键盘输入的数存入变量 num 中。代码如下：

```
num=eval(input("请输入一个数")) #从键盘输入一个数
if num>0:
    print("此数大于零")              #如果num中存放的数大于0,显示"此数大于零"
if num<=0:
    print("此数小于等于零")          #如果num<=0,显示"此数小于等于零"
```

5.1.3 双分支结构

上面的案例 5-2，虽然用单分支 if 语句可以实现，但因为判断的条件后有两个（或者是多个）选择，此时通过这种单分支语句略显麻烦，Python 又提供了双分支和多分支结构。

1. if...else 语句

格式：

```
if  <条件>:
      语句组1
else:
      语句组2
```

功能：如果 if 后面的"条件"成立（结果是真 True），那么执行语句组 1，否则执行语句组 2。

(⏻) **温馨提示：**

上面的分支结构，运行时只执行两个中的一个。也就是说，"条件"成立，语句组 1 被执行，if 语句结束；如果"条件"不成立，那么语句组 2 被执行，if 语句结束。

流程图如图 5-5 所示。

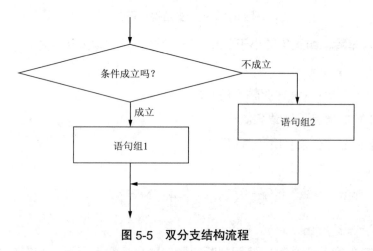

图 5-5 双分支结构流程

如果用双分支结构来解决前面例 5-2 的问题，那么代码如下：

```
num=eval(input("请输入数据"))
if  num>0:
    print("该数大于零")
else:
    print("该数小于等于零")
```

例 5-3 猜数游戏。

分析：

想想如果让你猜数，你会怎么猜呢？下面以两个人猜正整数的过程来描述步骤：

（1）两个人玩这个游戏，先要确定谁出数，谁猜数。假设出数的人用 A 表示，猜数的人用 B 表示；

（2）A 想一个整数（如 45）并写到纸上，假设这个数保存在 num_1 中；并告知 B，要猜的数范围是多少，例如在 1~100 之间；

（3）下面是 B 猜数的过程：

①在指定的范围内，B 说出猜的数，假设这个数保存在 num_2 中。

②此时存在 3 种情况：

• 如果 num_2 与 num_1 相等，在窗口中显示"恭喜你猜对了"，游戏结束。

• 如果 num_1>num_2，说明猜的数小于那个数，此时显示"你猜小了！"。这样 B 下次再猜时，猜的数应该在 num_2~100 之间，返回①。

• 如果 num_1<num_2，说明猜的数大于那个数，此时显示"你猜大了！"。这样 B 下次再猜时，猜的数应该在 0~num_2 之间，返回①。

根据上面的分析，猜数的流程如图 5-6 所示。

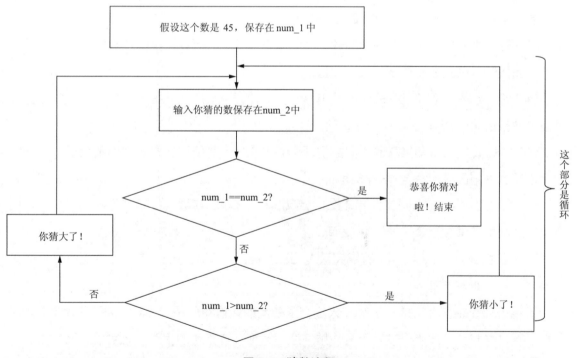

图 5-6 猜数流程

因为不知道猜数的次数，所以循环条件用 while True 或 while 1，代码如下：

```
#猜数游戏
num_1=45                                      #先设定一个常量：45，赋值给num_1
while 1:
    num_2=eval(input("请输入你猜的数，一个整数"))   #输入你猜的数，存放在num_2中
```

```
if num_1==num_2:
        print("恭喜你，猜对啦！")    #如果两个数相等，显示"恭喜你，猜对了啦"
        break                         #退出循环，游戏结束
else:
    if num_1>num_2:
        print("你猜小啦！")
    else:
        print("你猜大啦！")
```

2. 二分法

猜数游戏中，如何通过有限步骤猜到正确的数？例如，猜 1~100 之间的数时，最多可以猜 100 次，但最快需要猜多少次呢？答案是最快 7 次。要想获得这个效果，采用的方法叫二分法，具体过程如下：

（1）猜的数是 50（1~100 的中间数）。因为 50 大于 45,所以会提示"你猜大了"。这样，第二次猜数的范围就缩短至 1~50 之间。

（2）猜的数是 25（1~50 的中间数）。因为 25 小于 45,所以会提示"你猜小了"。这样，第三次猜数的范围又被缩短至 25~50 之间。

（3）猜的数是 37（25~50 的中间数）。因为 37 小于 45,所以会提示"你猜小了"。这样，第四次猜数的范围被缩短至 37~50 之间。

（4）猜的数是 43（37~50 的中间数）。因为 43 小于 45,所以会提示"你猜小了"。这样，第五次猜数的范围被缩短至 43~50 之间。

（5）猜的数是 46（43~50 的中间数）。因为 46 大于 45,所以会提示"你猜大了"。这样，第六次猜数的范围被缩短至 43~46 之间。

（6）猜的数是 44（43~46 的中间数）。因为 44 小于 45,所以会提示"你猜小了"。这样，第七次猜数的范围被缩短至 44~46 之间。

（7）猜的数是 45（44~46 的中间数）。此时两个数相等，所以窗口中显示信息"恭喜你猜对了！"。游戏结束。

通过上面介绍，大家是不是对二分法有了初步的认识？所谓二分法，是取两个数的 1/2 的数。这种查找方法适用于较大数量并排好序的数据。该算法的相关内容可以上网查看。

5.1.4　random 模块

上面案例中介绍的猜数游戏,是对一个常量45实施的。如果猜的数能由计算机随机生成，那应该如何设计呢？此时，需要一个产生随机数的方法。

Python 提供了一个 random 模块，该模块中的 random、uniform、randint 三个方法，都可以生成随机数。

1. 导入 random

与 turtle 模块一样，要用 random 模块中的函数来生成随机数，必须先用 import 导入 random 模块。

格式 1：

```
import random [as 标识符]
```

格式 2：

```
from random import *
```

random 模块中，提供随机数的函数有 random()、uniform(a,b)、randint(a,b)，功能如下：

random()：返回一个 0.0~1.0 之间的浮点数。

uniform(a, b)：返回一个介于 a~b 之间的一个小数 N，如果 a <= b，那么 a <= N <= b；如果 a>=b，那么 b <= N <= a。

randint(a,b)：返回一个介于 a~b 之间的一个整数 N，a <= N <= b。注意 a 一定大于 b，否则报错。

例5-4 生成一个 1~100 之间的随机整数，可以用下面代码实现：

```
>>> import random
>>> random.randint(1,100)
41
```

这里的 41 是此次 randint() 函数随机生成的一个整数。再执行上面两行代码生成的数可能不是 41，这是随机生成数据的缘故。

猜数游戏中，如果用计算机随机生成的整数，来替代 num_1=45 赋值语句，那么代码修改如下：

```
import random                    #导入random模块
num_1=random.randint(1,100)      #随机生成一个介于1~100之间的整数
```

将上述代码替换之后再运行程序，查看程序运行结果。

2. 应用案例

例5-5 编写代码实现：输出任意两个数中的最大（或最小）值。

分析：

（1）用 num1 和 num2 来保存随机生成的两个数。

（2）用 max1 来保存两个数中的最大值（因为 max 是 Python 的内置函数名，所以不

要用）。

（3）对 num1 和 num2 进行比较，如果 num1>num2，那么两个数中最大的是 num1，将 num1 赋值给 max1；否则最大值是 num2，将 num2 赋值给 max1。

那么，输出 1~100 之间两个随机数中的最大值，代码如下：

```
import random  as  qq    #导入random模块
num1=qq.uniform(1,100)
num2=qq.uniform(1,100)
if num1<num2:
    max1=num2
else:
    max1=num1
print("两个数中最大的是："+str(max1))
```

上面 str 函数的作用是将数字类型的数据转换成字符串，这样才能与左侧的字符串做连接操作。

5.1.5　多分支结构

借助单分支、双分支结构，选择的问题基本都可以得到解决。但如果遇到更复杂的问题时，如多个条件的选择，那么还是需要多分支结构。

1.　if...elif...else 语句

格式：

```
if  <条件1>:
        语句组1
elif <条件2>:
        语句组2
elif <条件3>:
        语句组3
        …
elif <条件n>:
        语句组n
[else:
        语句组n+1]
```

功能：如果条件 1 成立，执行语句组 1，if 语句结束；否则判断条件 2，如果条件 2 成立则执行语句组 2，if 语句结束；否则再判断条件 3，如果条件 3 成立，则执行语句组 3，if 语句结束……如果上面条件都不成立，此时若有 else 则执行语句组 n+1，否则按顺序执行后面的语句。

if 多分支结构流程图如图 5-7 所示。

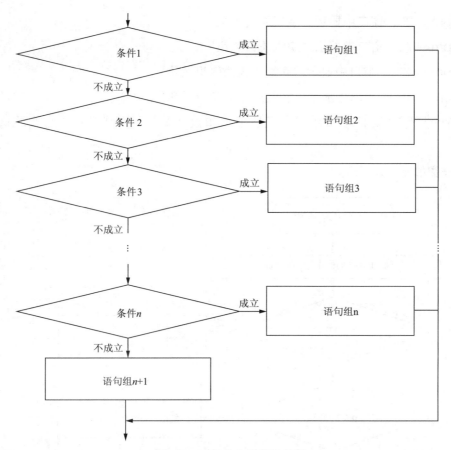

图 5-7　if 多分支结构流程图

2. 应用案例

例5-6　对于空气质量的评测方法有很多种，现在通过 PM2.5 的值来判断空气质量是属于优，还是良，还是污染，如表 5-1 所示。编写程序，完成下面不同的空气质量输出。

表 5-1　空气质量评测

PM2.5	空气质量等级
0~35（含 35）	优
35~75（含 75）	良
75~115（含 115）	轻度污染
115~150（含 150）	中度污染
150~250（含 250）	重度污染
超过 250	严重污染

分析：

（1）获得 PM2.5 的值，并保存：用 input 获得，并保存在 pm 中。

（2）判断 PM 的值：

如果 pm<=35，窗口中显示"空气质量为优"；

如果 pm<=75，窗口中显示"空气质量为良"；

如果 pm<=115，窗口中显示"空气质量为轻度污染"；

如果 pm<=150，窗口中显示"空气质量为中度污染"；

如果 pm<250，窗口中显示"空气质量为重度污染"；否则显示"空气质量为严重污染"。

其流程图如图 5-8 所示。

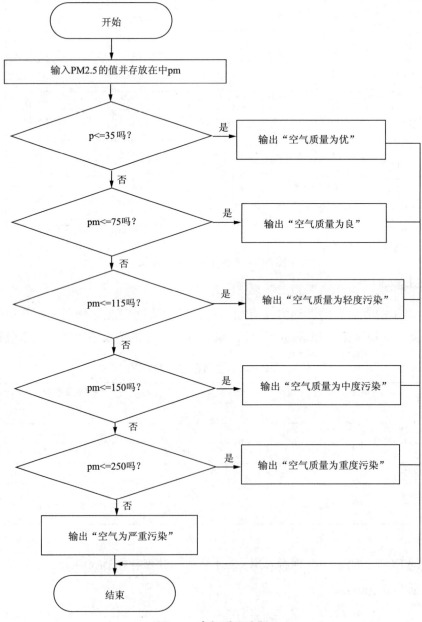

图 5-8　空气质量流程

参考代码如下：

```
pm=eval(input("请输入PM2.5值"))
if pm<=35:
    print("空气质量为优")      #pm值小于等于35，输出优
elif pm<=75:
    print("空气质量为良")
elif pm<=115:
    print("空气质量为轻度污染")
elif pm<=150:
    print("空气质量为中度污染")
elif pm<=250:
    print("空气质量为重度污染")
else:
    print("空气质量为严重污染")
```

上面程序中有两个问题：

第一个问题：输入 PM2.5 的值小于零的情况没有判断，因为 PM2.5 的值不可能小于零。事实上，如果输入的值小于零时，窗口中应显示"输入的 PM2.5 的值是错误的！"。

针对该问题，可以将第一个 if 语句改为：

```
if pm<=0:
    print("输入的pm2.5的值是错误的！")
elif pm<=35:
```

第二个问题：对于第二个条件的设置，有人认为应该是：35<pm<=75，而本案例中只写了 pm<=75。这是因为，第一个条件 0<pm<=35 不成立，表示 pm 的值是 >35 或者是 <0 的，所以 elif 后面的条件就可以只写 pm<=75。后面的 elif 的条件设置，道理与此相同。

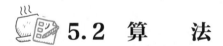

5.2　算　法

设计猜数游戏代码时，介绍了二分法，借助这种方法，可以最快的速度准确地猜到正确的数。其实，二分法是一个算法，它不仅用于猜数，还广泛应用于查找数据中。下面简单介绍算法的基本概念，并通过案例介绍递归算法、排序算法实现的过程和代码。

5.2.1　算法的定义

算法（Algorithm）是对解题方案的准确而完整的描述，是一系列解决问题的清晰指令。算法代表着用系统的方法描述解决问题的策略机制。简言之，算法就是描述进行某一项工作的方法和步骤。

算法可以理解为由基本运算及规定的运算顺序所构成的完整的解题步骤，或者看成按照要求设计好的有限的确切的计算序列，并且这样的步骤和序列可以解决一类问题。

5.2.2 算法的特征与表现形式

算法具有以下主要特征：

1. 有穷性

算法必须能在执行有限个步骤后终止。

2. 确切性

算法的每一步骤有确切的定义。

3. 输入项

一个算法有 0 个或多个输入，以刻画运算对象的初始情况。所谓 0 个输入是指算法本身定出了初始条件。

4. 输出项

一个算法有一个或多个输出，以反映对输入数据加工后的结果。没有输出的算法是毫无意义的。

5. 可行性

可行性又称有效性，即算法中执行的任何计算步骤都是可以被分解为基本的可执行的操作，即每个计算步骤都可以在有限时间内完成。

6. 高效性

执行速度快，占用资源少。

描述算法的方法有多种，常用的有自然语言、结构化流程图，其中比较直观、清晰的是流程图。

5.2.3 常见算法

目前使用的算法非常多，本书仅介绍迭代法、递归法的基本概念和排序算法中冒泡、插入两种方式的实施过程。

1. 迭代法

迭代法也称辗转法，是一种不断地用变量的旧值递推出新值的过程。与迭代法相对应的是直接法（或者称为一次解法），即一次性解决问题。迭代法又分为精确迭代和近似迭代。二分法和牛顿迭代法属于近似迭代法。迭代算法是用计算机解决问题的一种基本方法。它利用计算机运算速度快、适合做重复性操作的特点，让计算机对一组指令（或一定步骤）进行重复执行，每次执行这组指令（或这些步骤）时，都从变量的原值推出它的一个新值。

2. 递归法

当一个过程或函数的定义中，有直接或间接调用自身的代码，称为递归。利用递归可以将一个大型复杂的问题层层转化为一个与原问题相似但规模较小的问题进行求解，递归策略只需少量的代码就可描述出解题过程所需要的多次重复计算，大大地减少了程序的代码量。递归的能力在于用有限的语句来定义对象的无限集合。一般来说，递归要有结束条件、递归前进段和递归返回段。当结束条件不满足时，递归前进；当结束条件满足时，递归返回。即：

（1）递归就是在过程或函数里调用自身。

（2）在使用递归策略时，必须有一个明确的递归结束条件。

例如，计算 n！。

$$n! = \begin{cases} 1 & n=1 \\ n*(n-1)! & n>1 \end{cases}$$

当 n=1 时，结束递归调用。

有关这部分的代码，请参阅第 7 章 7.5 节递归函数部分的内容。

5.2.4　排序算法

生活中排序的案例无处不在。例如，体育课上整理队列、考试结束后分数的排序、财富榜上的排名等。所谓排序算法，就是按照其中的某个或某些关键字的大小，以递增（升序方式）或递减（降序方式）排列起来的操作。

1. 冒泡排序

按照升序方式排列一组数，如果用冒泡排序方法实施，基本原理如下：

首先将第 1 个和第 2 个数据进行比较，如果第 1 个数大于第 2 个数，那么将这两个数据进行交换，再对第 2 个和第 3 个数据进行比较，依此类推，重复进行上述比较，直至完成第 (n-1) 个和第 n 个数据的比较。经过这一轮比较后，这组数中最大的数移到了最右边。

此后，再按照上述过程进行第 2 轮，直至完成第 n-2 个数据和第 n-1 个数据的比较。经过此轮比较后，余下的数中次最大的数移到最大数的左边。

再按照上述过程进行第 3 轮排序……直至整个序列有序为止。

例5-7　一组数 34、12、–9、78、6，按冒泡排序法由小到大的顺序输出。

（1）冒泡排序演示过程。

假设将这组数存放在列表 num 中，然后按照下面过程升序方式进行排序。

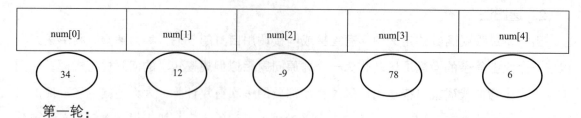

第一轮：

① num[0] 与 num[1] 比较：如果 num[0] 大于 num[1]，那么两个数互换，否则不动。此时 num[1] 是这两个数中的最大的，结果如下所示：

num[0]	num[1]	num[2]	num[3]	num[4]
12	34	-9	78	6

② num[1] 与 num[2] 比较：如果 num[1] 大于 num[2]，那么互换这两个数，否则不动。此时 num[2] 是前 3 个数中最大的，结果如下所示：

num[0]	num[1]	num[2]	num[3]	num[4]
12	-9	34	78	6

③ num[2] 与 num[3] 比较：如果 num[2] 大于 num[3]，那么互换这两个数，否则不动。此时 num[3] 是前 4 个数中最大的，结果如下所示：

num[0]	num[1]	num[2]	num[3]	num[4]
12	-9	34	78	6

④ num[3] 与 num[4] 比较：如果 num[3] 大于 num[4]，那么互换这两个数，否则不动。此时 num[4] 是前 5 个数中最大的，结果如下所示：

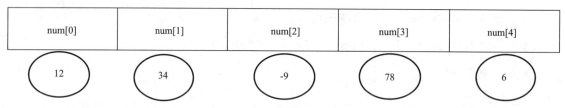

通过第一轮的比较，5 个数中最大的被选出来存放在 num[4] 中。第一次冒泡排序结束。5 个数比较 4 次。

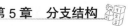

第二轮:（用第一轮相同的比较方法，得到第二轮的结果）

结果如下所示:

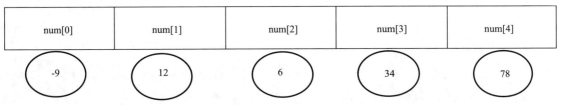

可以看到，通过第二轮比较之后，余下的 4 个数中最大的数被选出来存放在 num[3] 中。因为最大数已经在第一轮中被挑选出来，所以第二轮的比较次数比第一轮少 1 次，3 次。

第三轮:（操作过程与上面一样）

结果如下所示:

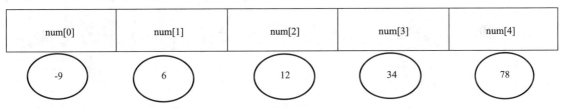

经第三轮比较后，余下的 3 个数中最大的数被选出来存放在 num[2] 中。num[3]、num[4] 数据保持不变。这一轮 3 个数比较 2 次。

第四轮:

这一轮只要完成 num[0] 与 num[1] 的比较:如果 num[0] 大于 num[1]，那么互换这两个数，否则不动。此时 num[1] 是前 2 个数中最大的，结果如下所示:

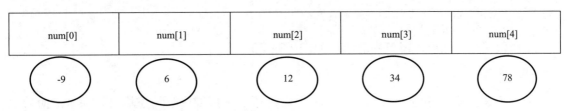

到此为止，已经按照升序完成了数据的排序。

（2）代码设计。

```
num=[34,12,-9,78,6]
```

第一轮比较的参考代码如下:

```
for i in range(4):
    if num[i]>num[i+1]:                    #如果num[i]大于num[i+1]
        num[i],num[i+1]=num[i+1],num[i]    #两个数互换
```

执行 4 次:4-0。

第二轮参考代码如下:

```
for i in range(3):
    if num[i]>num[i+1]:                    #如果num[i]大于num[i+1]
        num[i],num[i+1]=num[i+1],num[i]    #两个数互换
```

执行 3 次：4-1。

第三轮参考代码如下：

```
for i in range(2):
    if num[i]>num[i+1]:                    #如果num[i]大于num[i+1]
        num[i],num[i+1]=num[i+1],num[i]    #两个数互换
```

执行 2 次：4-2。

第四轮参考代码如下：

```
for i in range(1):
    if num[i]>num[i+1]:                    #如果num[i]大于num[i+1]
        num[i],num[i+1]=num[i+1],num[i]    #两个数互换
```

执行 1 次：4-3。

从上面描述的过程来看，5 个数要进行 4 轮比较，而每一轮的比较次数都比上一轮少一次，所以用双重循环来完成。

最后 Python 的代码如下：

```
#冒泡排序
num1=[34,12,-9,78,6]
for j in range(4):
    for i in range(5-j-1):
        if num[i]>num[i+1]:
            num[i],num[i+1]=num[i+1],num[i]
#将排好序的数输出
for i in range(4):
    print(num1[i],end="")
```

上面代码运行之后，窗口中显示：-9 6 12 34 78

拓展思考：

如果从键盘输入任意个数，然后利用冒泡排序方法将这些数排序输出，那么上面的代码应如何调整？

2. 插入排序

插入排序也是排序算法中的一个简单直观的算法，对于未排序数据，在已排序序列中从前（或从后）向后（或向前）扫描，找到相应位置并插入。下面通过一个案例来介绍插入排序的基本原理和操作方法。

例5-8 假设一组数 34、78、-89、23，存入 num 中（num=[34,78,-89,23]），创建一个列表变量 srt，将空列表赋值给 srt，如 srt=[]。

插入排序的过程如下：

（1）先从 num 中取第一个数（用 num[0] 方法提取），然后追加到列表变量 srt 中。

（2）从 num 中取第二个数（用 num[1] 方法提取），然后：

①如果 num[1] 小于 srt[0]，将 num[1] 插入到 srt[0]。

②否则，将 num[1] 追加到 srt 末尾；

循环次数：1 次。

（3）从 num 中取第三个数（用 num[2]），然后：

①与 srt[0] 进行比较：

• 如果 num[2] 小于 srt[0]，那么将 num[2] 插入到 srt[0] 处；

• 否则将 num[2] 与 srt[1] 进行比较：

• 如果 num[2] 小于 srt[1]，那么将 num[2] 插入到 srt[1] 处；

• 否则将 num[2] 追加到 srt 末尾；

循环次数：2 次。

（4）从 num 中取出第四个数（用 num[3]），然后：

①与 srt[0] 进行比较：

• 如果 num[3] 小于 srt[0]，那么将 num[3] 插入到 srt[0]；

• 否则，再将 num[3] 与 srt[1] 进行比较：

• 如果 num[3] 小于 srt[1]，那么将 num[3] 插入到 srt[1] 处；

• 否则，再将 num[3] 与 srt[2] 进行比较：

• 如果 num[3] 小于 srt[2]，那么将 num[3] 插入到 srt[2] 处；

• 否则将 num[3] 追加到 srt 末尾；

循环次数：3 次。

假设外循环变量为 i，内循环为 j。外循环变量 i 的取值（取值的范围是 1、2、3），循环次数：3 次；而内循环的次数显然与外循环 i 有关。

参考代码如下：

```
#插入排序
num=[34,78,-89,23]
srt=[]
srt.append(num[0])
for i in range(1,4):
    for j in range(i):
        if num[i]<srt[j]:          #如果num[i]小于srt[j]
            srt.insert(j,num[i])    #那么将num[i]插入到srt[j]处
```

```
                break                    #结束排序
            srt.append(num[i])           #将num[i]追加到srt末尾
#将排好序（升序方式）的一组数输出
for i in range(4):
    print(srt[i], "")
```

通过上面冒泡排序和插入排序方法，可以实现从 n 个任意数中挑出最大值、最小值的操作。请大家自行写出代码。

 # 5.3 turtle 模块中输入数据语句

turtle 模块中的方法很丰富，除了前面介绍常用的运动命令、控制命令外，turtle 库还提供了接收键盘输入字符串、数值的方法。

5.3.1 输入字符串

等待从键盘输入字符串的输入语句，格式如下：

```
x=textinput(<标题>,<提示信息>)
```

功能：弹出一个对话框，等待用户从键盘输入文本数据。输入数据后存入变量 x 中。

其中：第一个参数 < 标题 >（Title）是一字符串，该字符串是弹出的对话框中标题信息；第二个参数 < 提示信息 >（Prompt）是对话框内显示的信息。

例5-9 执行下面代码：

```
import turtle as tt
a=tt.textinput("输入字符串", "请输入")
```

执行上面两行代码后，弹出图 5-9 所示的对话框。

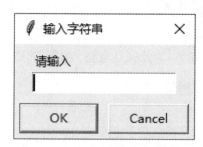

图 5-9 "输入字符串"对话框

可见，textinput 的作用就是弹出一个对话框，并等待用户从键盘输入字符串。

例5-10 从键盘输入任意个字符串和与字符串相对应的颜色，然后用这些字符串和输入的颜色绘制图形，效果如图 5-10 所示。

图 5-10　字符串图形

参考代码如下：

```
import turtle as a1              #导入turtle
txt=[]                          #创建列表变量，保存字符串
colors=[]                       #创建列表变量，保存颜色
#从键盘输入字符串和颜色的个数
num=int(a1.textinput("确定要用几个字符串和颜色数？","请输入正整数") )
for k in range(num):
    tt= a1.textinput("输入要显示的文字","请输入文字") #输入字符串
    txt.append(tt)                                  #将输入的字符串追加到txt中
    col=a1.textinput("输入要使用的颜色","请输入颜色")  #输入颜色
    colors.append(col)                              #将输入的颜色追加到colors中
#将画布颜色设置为灰色
a1.bgcolor("silver")
#调整写字的位置
a1.up()
a1.goto(-200,0)
a1.down()
a1.color("lime")
a1.write("I Love Bisu",font=("Vivaldi",56,"italic"))
#调整绘制放射状位置
a1.up()
a1.goto(0,0)
a1.down()
a1.speed(0)                     #调整画笔速度为最快
for x in range(100):
    a1.color(colors[x%len(txt)])  #选择颜色
    a1.up()
    a1.fd(x*5)                    #外圈字符串距离里圈的距离
    a1.down()
    a1.write(txt[x%len(txt)],font=("Vivaldi",int((x+3)/3),"italic"))
    a1.right(360/len(txt)+1)
```

可以尝试更改效果，如将背景色设置为黑色。本案例中，用 for 循环实现，其实也可以用 while 语句。请同学们自行完成代码的编写。

5.3.2 输入数值

turtle 库还提供了 numinput 来接收浮点数。

格式：

```
x=numinput(<标题>,<提示信息>[,<默认值>[,<最小值>[,<最大值>]]])
```

功能：弹出一个对话框，等待用户从键盘输入数值数据。键入数据后存入变量 x 中，x 的类型是浮点型。

例5-11 设计一个如下所示的菜单，并根据选择的数字，完成对应的功能。

```
1---蓝色星空
2---奥运五环
3---猜数游戏
4---任意一组数按照由小到大升序排列
0---退出
```

上面的菜单可以通过 numinput 来进行设计。参考代码如下：

```
from turtle import *
t="请选择"
t1="1----蓝色星空"
t2="2----奥运五环"
t3="3----猜数游戏"
t4="4----任意一组数按照有小到大升序排列"
t0="0----退出"
while 1:
    #输出菜单
    x=numinput("祝你好运！",t+"\n"+t1+"\n"+t2+"\n"+t3+"\n"+t4+"\n"+t0)
    reset()
    if x==1:
        pass
    elif x==2:
        pass
    elif x==3:
        pass
    elif x==4:
        #创建列表num1，存放从键盘输入的一组数
        num1=[]
        #询问准备输入的一组数的个数
        num=int(numinput("你想输入几个数？","请输入排序的一组数个数"))
        for i in range(num):
```

```
            x=int(numinput("请输入","输入具体的数据值:"))
            num1.append(x)
        print(num1)
        #按照冒泡排序算法进行排序
        for j in range(len(num1)-1):
            for i in range(len(num1)-j-1):
                if num1[i]>num1[i+1]:
                    num1[i],num1[i+1]=num1[i+1],num1[i]
        #排好序后输出
        print(num1)

    elif x==0:   #键盘输入的数是0，结束循环退出
        break
```

上述代码中用 pass 占位，以后再用实际的代码写到这里，然后删除 pass。

 **基础知识练习**

1. 填空题

（1）分支结构也称（　　　），Python中常见的分支结构有3种，分别是（　　　）、（　　　）和（　　　）。

（2）单分支结构的格式，写为（　　　）。

（3）双分支结构的格式，写为（　　　）。

（4）多分支结构的格式，写为（　　　）。

（5）执行以下代码，通过键盘分别输入56和78，那么窗口中显示（　　　）。

```
x1=eval(input("请输入第一个数"))
x2=eval(input("请输入第二个数"))
if x1>x2:
    num1=x1
else:
    num1=x2
print(num1)
```

（6）已知公式:

$$y=\begin{cases}1 & x>0 \\ 0 & x=0 \\ -1 & x<0\end{cases}$$

写出三种方法完成上述公式的代码。

（7）执行下面的代码后，窗口中显示（   ）。

```
x,y,z= 1,0,2
if not x:
    z-=1
if y:
    z-=2
if z:
    z-=3
print(z)
```

（8）运行下面的代码后，窗口中显示的结果是（   ）。

```
a, b, c= 1,2 6
if a<=b or c<0 or b>c:
    s=b+c
else:
    s=a+b+c
print(s)
```

（9）在turtle模块中，弹出一个对话框来接收键盘键入数字的函数名是（   ）。

（10）执行下面代码后，窗口中显示（   ）。

```
x,y=3,5
if x>y:
    x+=y
else:
    x-=y
print(x)
```

2. 选择题

（1）执行下面代码后，窗口中显示（   ）。

```
y=z=0
for k in  "good boy":
    if  k=="o":
        y+=1
        continue
    else:
        z+=1
print(z)
```

    A. 2   B. 3   C. 4   D. 5

（2）执行下面代码后，窗口中显示（   ）。

```
x,y=1,5
if x and y-2>=x:
    x+=y
elif x<y:
    x-=y
```

```
else:
    x=y%2
print(x)
```

　　A. 6　　　　　　B. 4　　　　　　C. -4　　　　　　D. 1

（3）对于if...elif...else结构，下面叙述正确的是（　　）。（多选题）

　　A. 如果if条件成立，那么执行if下面缩进去的代码，结束if语句的执行

　　B. 如果if条件成立，执行下面缩进去的代码后，依次序继续判断下面的elif

　　C. 总是按照顺序依次判断条件，把所有条件判断完

　　D. 按照顺序依次判断条件，只有条件都不成立时才执行else下缩进去的代码

（4）if的结尾、else的结尾、elif的结尾都必须是英文（　　）。

　　A. 逗号　　　　B. 分号　　　　C. 冒号　　　　D. 引号

（5）下面能产生一个随机整数是（　　）。（多选题）

　　A. random()　　　　　　　　B. uniform(1,100)

　　C. randint(1,100)　　　　　D. int(uniform(1,100))

（6）下面有关if语句的描述正确的是（　　）。（多选题）

　　A. 某段代码中，有多个if语句，会按照顺序依次判断if后面的条件

　　B. if...else结构中，如果if后面条件成立，那么就只执行if下面缩进去的语句

　　C. if...elif-else结构中，只会执行if、elif、else下面的一个语句组

　　D. if...else结构中，如果条件是x>10，那么else意味着x<=10

3. 判断题

（1）textinput语句接收的数据是字符串。　　　　　　　　　　　　　（　　）

（2）numinput语句接收的数据是整数。　　　　　　　　　　　　　（　　）

（3）用随机模块中的random()生成的随机数，可以作为turtle中颜色值。（　　）

（4）递归法就是在程序或函数中调用自身的方法。　　　　　　　　　（　　）

（5）if结构和if...else的结构可以相互替代。　　　　　　　　　　　（　　）

操作实践

1. 编写代码将列表中重复的元素删除。

2. 猜拳游戏：编写一个代码完石头、剪刀、布游戏，如果输入end则结束游戏。

3. 编写程序实现：学生毕业时都要统计挂科情况，如果所有课程全部及格，显示"恭喜你，全部通过"；有一科不及格，显示"你有一科不及格"；如果有两科不及格，显示

"你有两科不及格"；依此类推。

4. 选择排序的基本过程如下，编写程序实现任意个数的一组数排序输出。

（1）创建列表，并将n个待排数字存放着列表中。

（2）初始化i=1。

（3）从数组的第i个元素开始到第n个元素，寻找最小的元素。

（4）将上一步找到的最小元素和第i位元素交换。

（5）i+=1，直到i=n–1算法结束，否则回到第三步。

5. 设计一个菜单系统，至少完成下面所列项目所指定的功能（不限以下功能，可以多于以下项目）：

（1）绘制冬奥会会徽。

（2）从任意个数中选出最大和最小数，并输出结果。

（3）迷宫游戏。

（4）结束退出。

第6章
字典与集合

前面介绍的字符串、列表、元组都是序列结构的数据类型，通过循环均可遍历其中的所有元素。此外还有两种类型的数据也可以通过循环实现遍历操作，它们就是没有序列化索引的字典、集合类型。字典作为 Python 语言中唯一的映射类型，定义了键和值之间一对一的映射关系（即通过键可以找到对应的值），集合则是一个无序不重复元素的一组数据。

学习目标

- 熟悉字典的构成，熟练掌握字典创建、访问的方法。
- 熟练掌握字典的编辑修改方法。
- 了解常见的字典函数功能。
- 熟悉集合的概念，掌握字典、集合两种类型与列表的不同。
- 熟练掌握 set 类型的集合创建、访问、修改、删除的方法。
- 熟悉运算符 in 或 not in 的作用。

 ## 6.1 字典类型

在 turtle 中，绘制图形过程中列表和元组提供了便利的服务。例如，一组颜色、一组坐标，都可以通过列表或元组完成，但如果是在上万条数据列表中查找某一条数据，那么使用遍历列表的方法，不仅工序烦琐，而且效率低。有没有一种数据类型，让我们能快速精准地查找到所需数据呢？有，答案是字典。通过字典中的键，可以快速地查找到对应的值。

6.1.1 字典的基本概念

字典的概念大家应该不陌生，从小学开始，当遇到不认识的字或要查找某个字词的含义时，都可以通过查阅字典来解决。Python 中字典这个类型类似于小时候我们用的字典，通过字（Python 中是字典中的键）找到该字所对应的解释（对应字典中的值）。

字典是一种可变容器类型，可存储各种类型的对象，如字符串、数字、元组等其他类型。字典也称关联数组和哈希表。字典相当于存储了两组数据，一组是关键数据，称为 key；另一组数据可通过 key 来访问，称为 value。

字典与列表的差别如下：

（1）列表中存放的数据是有序的（index），而字典中存放的数据是无序的。

（2）列表用数字类型的索引访问元素，而字典一般使用不可变类型的键来关联值。

（3）列表中的元素是有顺序的，可通过索引进行访问；而字典中的元素是键值对。键与值是关联的，可通过字典中的键访问其对应的值。

此外，字典中的键必须遵守以下两个规则：

（1）每个键只能对应一个值，不允许同一个键在字典中重复出现。如果同一个键被赋值两次，后一个值会覆盖前面的值。

（2）字典的键是不可变类型（可哈希的对象）。

通常情况下，字典的键是字符串或者数值类型，像列表这样的可变对象不允许做字典的键。

例6-1 创建字典，其中字母和数字都可以作为字典的键。

```
>>> { 'a ': '阿拉伯'}
{ 'a ': '阿拉伯'}
```

或者：

```
>>> { 1: '阿拉伯'}
{ 1: '阿拉伯'}
```

例6-2 定义字典时,如果键是列表类型的数据,那么会显示图 6-1 所示的类型异常错误。

```
>>> {[1]:"阿拉伯"}
Traceback (most recent call last):
  File "<pyshell#3>", line 1, in <module>
    {[1]:"阿拉伯"}
TypeError: unhashable type: 'list'    ← 错误原因是不能被哈希的类型: 列表
```

图 6-1 列表不能作为字典的键

⏻ 温馨提示：

① 如果元组中的元素类型只有字符串和数字类型，那么元组可以作为字典的键；如果元组直接或间接地包含了可变对象，那么就不能作为字典的键。

② 字典中的值可以是任何类型。

6.1.2 字典的基本操作

1. 创建字典

字典与列表、元组不同，字典中的每一个元素都是由一个键（key）和一个对应的值

（value）构成，键与值之间用冒号间隔。

格式：

```
d={key1:value1[,key2:value2[,…]]}
```

功能：创建一个字典。

例6-3　下面的赋值语句创建了一个名为 favorite_sports 的字典。

```
>>>favorite_sports={'qian':'walk','yuan':'basketball','wang':'football'}
```

如果花括号中没有键值对，那么是一个空字典。如图 6-2 所示，变量 aa 是一个空字典。

除了上面的赋值语句方式来创建字典外，也可以通过字典函数来创建字典。格式如下：

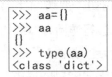

图 6-2　利用赋值语句创建空字典

```
dict(**kwarg)
```

功能：将一组双元素序列转换成字典，其中索引号为 0 的元素是键，索引号为 1 是值。双元素可以是元组，也可以是列表，但必须是两个元素为一组。如果函数中没有参数，那么会创建一个空字典。

例6-4　利用字典函数创建一个空字典。

```
>>> x=dict()
>>> x
{}
```

例6-5　利用字典函数将一个列表转换成字典。

```
>>> x1=[1,2]
>>> dict(x1)
{1: 2}
```

如果列表中提供的键一样，那么只显示最后一个。

例6-6　执行下面代码后，生成的字典中只有一个键值对。

```
>>> dict([("a ",100),( "a ",200)])
{ 'a ': 200}
```

除了上面创建字典的方法外，还可以通过关键字来定义字典。

例6-7　通过关键字定义字典。

```
>>> dict(x=1,y=2)
{ y : 2, x:1}
>>> dict(x=11,y=2,z=33)
{ z : 33, y : 2, x : 11}
```

⏻ 温馨提示：

由于字典是无序的，所以上面的代码在你的计算机上被执行后，结果可能与上面不同。

此外，还可以通过字典推导式从任意的键 - 值表达式中生成字典。

例6-8　通过字典推导式生成字典。

```
>>> {x:x+2 for x in range(0,6,2)}
{0: 2, 2: 4, 4: 6}
```

2. 访问字典中的元素

要访问字典中的数据，必须通过键进行。格式如下：

字典变量名[键]

功能：返回这个键所对应的值。

例如，要访问字典变量 favorite_sports 中 yuan 所喜爱的运动，那么必须通过字典中 yuan 进行访问，方能得到正确的结果，代码如下：

```
>>>favorite_sports={'qian':'walk','yuan':'basketball','wang':'football'}
>>>favorite_sports['yuan']
'baseball'
```

如果访问的键在字典中不存在，那么会引发一个 KeyError 异常，如图 6-3 所示。

```
>>> favorite_sports["liu"]
Traceback (most recent call last):
  File "<pyshell#17>", line 1, in <module>
    favorite_sports["liu"]
KeyError: 'liu'
```

图 6-3 访问的键不存在

3. 更新字典中的元素

字典是可变对象，支持对元素进行更新操作，包括在字典中添加新元素、更新已存在的元素、删除已有元素等。如果向字典中添加的键已经存在，那么字典中该键的值会被新值替代。

向字典中添加新内容，或者修改字典中内容所用格式如下：

格式 1：

字典变量名[键]=值

功能：如果字典中没有指定的键，那么会向字典中添加一个新的键值对（key:value）；如果字典中已经有这个键，那么通过键对已有的值进行更新。

格式 2：

字典变量名.update(key:value[,key:value…])

功能：如果被更新的字典中已包含对应的键值对，那么原 value 会被覆盖；如果被更新的字典中不包含对应的键值对，那么该 key:value 被添加进去。

例6-9 在 dict_1 中添加新元素

```
>>> dict_1={'a': '阿拉伯', 'b': 'boy'}          #创建字典
>>> dict_1["c"]= "color"                        #添加一个新元素
>>> dict_1                                       #显示dict_1
{'c': 'color', 'b': 'boy', 'a': '阿拉伯'}
```

因为 dict_1 中没有键 'c'，所以通过 dict_1["c"]="color"，在 dict_1 字典中添加一个新元素：'c': 'color'。

同样的道理，下面的赋值语句完成了向 dict_2 中添加一个新元素的操作。

例6-10 向 dict_2 中添加新元素

```
>>> dict_2={}          #创建一个空字典
>>> dict_2[1]=100      #添加一个字典元素
>>> dict_2             #显示dict_2
{1: 100}
```

例6-11 修改 favorite_sports 中 yuan 后面的值（如改为 running），代码如下：

```
>>> favorite_sports['yuan']= "running"
>>> favorite_sports
{'qian':'walk','yuan':'running','wang':'football'}
```

例6-12 已知变量 a2 中存放的数据是 {1: 3}，那么执行下面代码：

```
>>> a2.update({"a":20, "b":30})   #更新a2
>>> a2
{1:3, 'b': 30, 'a': 20}
```

用 update 在字典变量 a2 的后面添加两个新的键值对。

4. 删除字典中的元素

如果要删除字典中的一个元素，可以用 pop()、popitem()、remove()、del() 方法。如果要清空字典中的所有元素，可以用 clear() 方法。

格式 1：

```
字典变量名.pop(键)
```

格式 2：

```
del 字典变量名[键]
```

功能：删除字典变量名中键所对应的元素（键值对）。

例6-13 删除字典 favorite_sports 中键是 zhang 的元素，可以用 favorite_sports. pop("zhang")，也可以执行下面的语句，功能是一样的。

```
>>> del favorite_sports['zhang']
```

格式 3：

```
字典变量名.popitem()
```

功能：随机删除字典变量名中的一个元素。

格式 4：

```
字典变量名.clear()
```

功能：将字典变量名中的元素全部删除。

例6-14 已知 dict_1={'li':' 李刚 ', 'wang':' 王宁 '}，那么执行 dict_1.clear() 后，dict_1 就变成了一个空字典 {}。如下所示：

```
>>> dict_1={'li':'李刚', 'wang':'王宁'}
>>> dict_1.clear()
>>> dict_1
{}
```

5. 删除字典

del 不仅可以删除字典中的元素，还可以删除字典。格式如下：

```
del 字典变量名
```

功能：将字典变量名所指定的字典删除。

经过 del 方法删除字典后，这个字典就不存在了。例如，执行下面代码后，名称为 dict_1 的字典被彻底删除。

```
>>> del dict_1
```

6.in 或 not in 运算

与序列结构类型的字符串、元组和列表一样，字典也支持 in 和 not in 的操作。对字典而言，in 或 not in 运算都是基于 key 进行判断的。

格式 1：

```
key in 字典变量名
```

功能：如果键在字典中，那么返回 True，否则返回 False。

格式 2：

```
key not in 字典变量名
```

功能：如果键在字典中，那么返回 False，否则返回 True。

例如，前面访问字典时出现的 KeyError 问题，为避免引发异常发生，可以先用 in 或 not in 来检查键是不是在字典中。如下面代码：

```
>>> 'yuan' in favorite_sports
True
>>> 'liu' not in favorite_sports
True
```

6.1.3　与字典相关的常用函数

通过赋值、字典函数可以创建字典，并通过键访问字典、修改字典。与字典相关的内置函数如表 6-1 所示。

表 6-1　与字典相关的内置函数

方 法 名	功 能 描 述
len()	返回字典中所有元素的个数
hash()	判断某个对象是否能被哈希
copy()	返回字典的一个浅复制
get(key[,default])	通过字典中的 key，获得其对应的值。如果字典中没有指定键，那么返回 default 的值。如果没有设置 default，那么默认值返回是 None
pop(key[,default])	如果字典中的键存在，那么就删除并返回其对应的值；如果字典中的键不存在，并且没有给 default 的值，则会引发一个 KeyError 异常

1.len() 函数

与序列结构类型的数据一样，字典也有 len() 函数。格式如下：

len(字典变量名)

功能：返回字典中所有元素的个数。

例6-15 字典变量favorite_sports 中有三个键-值对，所以len (favorite_sports)的值是3。如下所示：

```
>>> favorite_sports
{'qian':'walk','yuan':'running','wang':'football'}
>>> len(favorite_sports)
3
```

2.hash() 函数

定义字典时，字典中的键是不允许用可变类型的数据。例如，列表就不能用作字典的键。那么有什么方法可以判断，当前类型的数据是不是可以做键？答案是 hash() 函数。格式如下：

hash（参数）

功能：计算参数的哈希值。

如果一个数据的哈希函数结果报错，那么该数据就不能作为字典的键。

例6-16 判断一个整数或浮点数是不是可 hash 的，如下所示：

```
>>> hash(1)
1
>>> hash(1.0)
1
```

因为整数 1 和浮点数 1.0 的哈希值都是 1，所以都可以作为字典的键。推而广之，所有数值类型的数据都是可以 hash 的，都可以作为字典的键。

```
>>> hash('a')
2655299054320091524
```

上面的字母 a 有哈希值，所以可以作为字典的键。这个案例说明，字符串类型的数据也是可以 hash 的，所以也可以作为字典的键。但列表是不能被 hash 的，所以不能做字典的键，如图 6-4 所示。

```
>>> hash([1, 2, 3])
Traceback (most recent call last):
  File "<pyshell#34>", line 1, in <module>
    hash([1, 2, 3])
TypeError: unhashable type: 'list'
```

图 6-4　列表是不能被哈希的数据

3.copy() 方法

copy() 方法用于返回一个有着相同键值对的字典。这个方法实现的是浅复制，即调用 copy() 方法会复制一个新的字典对象，但这个新字典引用的元素还是原字典对象的数据。格式如下：

字典变量名.copy()

说明：创建一个与字典变量名一样的字典对象。

例6-17 用 copy() 方法，复制一个 dict_1 的副本 dict_2。

```
>>> dict_1={'li':'李刚', 'wang':'王宁'}
>>> dict_2= dict_1.copy()
>>> dict_1, dict_2
{'li':'李刚', 'wang':'王宁'}, {'li':'李刚', 'wang':'王宁'}
```

此时对 dict_2 进行的删除、修改、添加等操作，不会影响 dict_1，反之亦然。

例6-18 执行下面代码，将 dict_2 中的元素删除，但不影响 dict_1：

```
>>> dict_2.pop('li ')
'李刚'
>>> dict_2,dict_1
{'wang':'王宁'},{'li':'李刚', 'wang':'王宁'}
```

4.get() 方法

由于字典都是通过键访问值，所以当访问的键在字典中没有时，会显示 KeyError 错误。为了避免出现这种情况，除了用 in、not in 外，还可以用 get() 方法。该方法用于返回指定键所对应的值，如果访问的键不存在，则会返回一个默认值或空值。

格式：

```
字典变量名.get(key[,default])
```

功能：返回 key 所对应的值。key 是在字典中要查找的键，default 是当键不存在时返回的默认值。如果没有设置默认值，那么返回 None。

假设 dict_2={'wang':' 王宁 '}，那么执行下面命令：

>>> print(dict_2.get("li"))

None

因为 dict_2 中没有 'li' 这个键，并且没有设置 default，所以返回值是 None。

>>> print(dict_2.get("li", " 没这人 "))

没这人

上面案例中，将 default 设置为 " 没这人 "，所以当查找字典时因没有 "li" 这个键，就返回 " 没这人 "。

>>> print(dict_2.get("wang", " 没这人 "))

王宁

上面案例中，虽然设置了 default 的值 " 没这人 "，但因字典中有 "wang" 这个键，所以返回 "wang" 对应的值：王宁。

6.2 集合类型

第 5 章课后练习中有一道操作题，要求将列表中重复的数据删除，当时采用的方法是通过遍历整个列表的方法。这种方法耗时耗力，如果用集合，问题就迎刃而解了。因为集合中出现了重复的对象，它会自动删除。

集合类型的数据有两个特性：

（1）集合类型是一个容器，这个容器可以存放无数个对象，但容器中的对象不允许重复。

（2）集合中的元素是无序的，但不可变。

6.2.1　集合类型

目前，Python 有两种内置的集合类型：set(可变集合) 和 frozenset(不可变集合)，它们的区别如下：

1. set 集合

可变集合类型，能够对集合内的元素进行更改。它与数学中的集合概念类似，可对其进行交、并、差、补等逻辑运算。不支持索引、切片等序列操作，但支持成员关系运算符 in、not in。

由于 set 集合是可变的，所以它没有哈希值，不能用于字典的键或作为另一个集合的元素。

2. frozenset 集合

frozenset 的元素是固定的，一旦创建就无法增加、删除和修改。该类型可以用 hash 算法实现，而且可以作为字典的 Key，也可以成为其他集合的元素。

6.2.2　集合的基本操作

集合的基本操作有创建、访问、更新、成员关系检测等。

1. 创建集合

Python 中，创建集合的方法有两种：一是借助花括号 {} 和赋值语句完成，二是用 set()、frozenset() 函数生成。

方法 1：赋值语句与花括号。

```
>>> set1={1,23,6,-9,45,6}
>>> set1
{1,23,45,6,-9}
```

上面的命令行的第一行中有重复数据（里面的数字 6），系统会自动删除。

方法 2，利用函数创建集合。

```
set([literable])
frozenset([literable])
```

功能：上述两个函数返回的是新的 set 或 frozenset 对象，它们的元素均来自可迭代的对象，如列表、字符串、元组等。若没有可迭代的对象，则会返回一个空的集合。

例6-19 创建集合。

```
>>> x=set([1,2,3,1,2,3])
>>> x
{1,2,3}
>>> x=frozenset([1,2,3,1,2,3])
>>> x
frozenset({1,2,3})
```

温馨提示：

对于集合，创建一个空集合时，必须用 set() 函数，而不能是 {}，因为 {} 被用来创建一个空字典。如下所示：

```
>>> set()    #创建一个空集合
set()
>>> x={}
>>> type(x)
<class 'dict'>
```

2. 访问集合中的元素

与序列结构的数据类型一样，也可以通过循环遍历方式来逐个访问集合中的元素。例如下面代码：

```
x={"a","b","c",1,7}
for i in x:
    print(i,end=" ")
```

运行结果如下：

```
b 1 c a 7
```

从运行结果可以看出，输出元素的顺序与原来的顺序不一样。这也是集合类型的一个特征，即集合存放的元素是无序的。

3. 修改集合

如果要更新集合中的元素，如添加元素和删除元素等，只支持 set 集合类型。Python 为 set 集合提供了一些更新方法，如 add() 和 remove() 等。

（1）向集合中添加元素。

格式1：

```
集合变量名.add(value)
```

功能：将 value 添加到集合中。

格式2：

```
集合变量名.update(*others)
```

功能：将 others 中的对象添加到当前的集合中。其中 others 是一个可迭代对象。

例6-20 已知 x={12}，那么要添加两个元素：10、"abc"，可以用以下命令完成：

```
>>> x.add(10)          #在x中添加一个元素10
```

```
>>> x.add("abc")      #在x中添加一个元素"abc"
>>> x                 #显示变量x中的内容
{"abc",10,12}
```

或者直接输入下面的命令，也能达到同样的效果：

```
>>> x.update([10,"abc"])
```

当然，上面括号内参数也可以是元组：(10,"abc")。

（2）删除集合中的元素。

要想删除集合中的元素，可以通过 remove()、discard()、pop() 或 clear() 四种方法。其中，remove()、discard() 可以删除指定元素，pop() 方法用于删除任意一个元素，而 clear() 方法用于删除集合中的所有元素。

格式 1：

```
集合变量名.remove(元素)
```

功能：将集合中指定元素从集合中删除。如果这个元素不在集合中，那么窗口中显示 KeyError 错误。

例6-21 已知 x={12, "abc ",-9}，执行下面代码：

```
>>> x={12, "abc ",-9}
>>> x.remove(12)
>>> x
{ 'abc', -9}
```

从上面代码执行的结果来看，集合中的 12 已经从集合中被删除了。

而执行 x.remove() 代码，窗口中会显示图 6-5 所示的 KeyError 错误信息。

```
>>> x={12,"abc",-9}
>>> x
{-9, 12, 'abc'}
>>> x.remove(1)
Traceback (most recent call last):
  File "<pyshell#42>", line 1, in <module>
    x.remove(1)
KeyError: 1
```

图 6-5　KeyError 错误信息

由于集合变量 x 中没有 1 这个元素，所以报错，显示 KeyError 错误信息。

格式 2：

```
集合变量名.pop()
```

功能：随机删除集合中的一个元素，并在窗口中显示被删除的元素。如果集合中没有元素（空集合），那么会报错。

例6-22 已知 x={12, "abc ",-9}，执行 x.pop() 命令后，系统会将集合变量 x 中一个元素随机删除。

```
>>> x={12, "abc ",-9}
>>> x.pop()
'abc '
```

```
>>> x
{12,-9}
```

与 remove 不同，执行 x.pop() 后，会在下面显示被删除的元素（如本例中的 'abc '）。

格式 3：

```
集合变量名.clear()
```

功能：将集合中所有元素全部删除。

例6-23 删除集合中的所有元素。

```
>>> x={12, "abc ",-9}
>>> x.clear()
>>> x
set()
```

上面的代码被执行后，clear 删除了变量名 x 中的所有元素，使其变为一个空集合。

4. 删除集合

如果希望删除集合本身，跟删除其他对象一样，调用 del 命令。格式如下：

```
del 集合变量名
```

功能：删除集合变量名指定的这个集合。

例6-24 执行 del x 后，集合变量 x 就不存在了。

```
>>> x={12, "abc ",-9}
>>> del x
```

执行完上面两行代码后，如果再在 >>> 的后面输入 x，那么窗口中会显示变量名异常错误 NameError。

5.in 和 not in 运算

集合还支持成员检查操作，其运算符还是 in 和 not in。功能就是用来检测某个元素是否存在于集合中。

例6-25 in 和 not in 运算示例。

```
>>> x={"a","b","c",1,7}
>>> 1 in x
True
>>> "f" in x
False
>>> "f" not in x
True
```

基础知识练习

1.填空题

（1）字典中的每一个元素都是由（   ）和（   ）构成。

（2）如果要访问字典中元素，应该通过字典中的（　　　）。

（3）如果要判断变量x中的值是不是可以做字典的键，可以通过（　　　）进行判断。

（4）要做字典x的一个备份，应该用（　　　）方法。

（5）用in或not in对字典进行操作，只能是通过字典中（　　　），其功能是判断其是否在字典中。

（6）同时向集合中添加多个元素的方法是（　　　）。

（7）要删除一个字典变量x，那么代码是（　　　）。

（8）向字典中添加键值对的方法是（　　　），修改字典中值的方法是（　　　）。

（9）变量x和y的类型是集合，并且x是y的子集。那么x in y的结果是（　　　）。

（10）对于字典和集合来讲，能清除它们所有元素的方法是（　　　）。

2. 选择题

（1）已知x={1:100,2:200, "a ":300}，那么下面（　　　）是向字典中添加新元素的操作。

A. x.append(4:400)　　　　　　　　B. x[(1,2)]=400

C. x.update(1,300)　　　　　　　　D. x.update(1:300)

（2）在字典x中，要随机清除一个元素应该用（　　　）。

A. pop()　　　　B. x.pop()　　　　C. x.popitem()　　　　D. popitem()

（3）对于字典x，现要判断整数1是否在字典中，下面描述正确的是（　　　）。（多选题）

A. 1是值

B. 1是键

C. 如果1是键，那么可以用运算符in进行判断

D. 如果1是值，那么用in进行判断会报错

（4）已知x={(1,2):3,(3,4):7}，则执行print(x.get(3))的结果是（　　　）。

A. 7　　　　　　B. 1　　　　　　C. 2　　　　　　D. None

（5）下面（　　　）方法既可以清除字典中的一个元素，也能清除集合中一个元素。（多选题）

A. pop　　　　　B. popitem　　　　C. clear　　　　D. del

（6）已知列表x=[1,2,34,78]，要生成一个可变集合，下面的（　　　）是正确的。

A. set　　　　B. frozen　　　　C. frozenset　　　　D. dict

（7）执行dict([1,2,3,4])的结果是（　　　）。

A. 生成一个字典

B. 生成一个{1:2,3:4}

C. 窗口中显示KeyError错误信息

D. 窗口中显示TypeError错误信息

（8）下面（　　　）是集合。（多选题）

  A. {1,2,3,2,3,4,3,4,5}   B. {(1,2),[2,3],4}

  C. {(1:2,3:4),5}   D. {([1,2]:100),3,4,5}

（9）利用循环可以遍历一遍的类型有（　　　）。（多选题）

  A. 元组   B. 列表   C. 字典   D. 集合

（10）如果要将列表中重复的元素去掉，应该用下面（　　　）方法，然后再用list()函数进行转换。（多选题）

  A. set   B. dict   C. frozenset   D. update

3. 判断题

（1）作为字典中的键，其类型是列表。   （　　）

（2）字典中允许两个元素的键相同。   （　　）

（3）利用函数dict()只能创建内含元素的字典，不能创建空字典。 （　　）

（4）如果要修改字典中的数据，只能修改值，不能修改键。   （　　）

（5）假设x=[(1,100),([1,2],200)]，那么用dict(x)就可以生成一个字典。 （　　）

（6）清除字典中的元素，pop()和popitem()方法是一样的。   （　　）

（7）集合中的元素没有相同的。   （　　）

（8）要删除集合，可以用pop()方法。   （　　）

（9）clear()方法既可以清除集合中的元素，也可以清除字典中的元素。 （　　）

（10）利用update可以修改集合中的元素。   （　　）

（11）向集合中添加元素，只能用add()方法。   （　　）

（12）向字典x中添加一个新的键值对，可以用x[键]=值的方法添加。 （　　）

（13）del()方法既可以删除字典，也可以清除字典中的元素。   （　　）

（14）利用set()函数，可以将序列结构类型的数据转换成集合。   （　　）

（15）用dict()函数，可以将元组类型的数据转换成字典。   （　　）

操作实践

1. 编写代码完成：某人去餐馆就餐，根据点的菜品、主食计算应缴纳金额。例如，主食中一碗米饭3元，一盘烙饼10元，一碗西红柿鸡蛋面8元，一碗牛肉面15元；菜品请同学们结合实际自行设计定义，然后根据点餐具体情况计算出应该缴纳的费用。

2. 编写代码完成：创建一个集合，集合中的数据是通过键盘输入来获得；如果输入的字符（串）不在集合里，那么将其添加到这个集合中，否则不添加；最后输出这个集合。

第7章
函数与函数式编程

　　所谓函数，本质上讲就是一段能实现特定功能的程序代码。使用函数最重要的目的是方便人们重复使用相同的一段程序，它可以对程序进行结构化处理。一旦想实现相同的操作，只需调用函数，而无需重复复制，这样不仅节省了空间，也提高了编程效率。

学习目标

- 熟练掌握函数的定义和作用。
- 熟练掌握自定义函数的定义方法：def、lambda，以及各自特点。
- 熟练掌握函数调用。
- 熟悉形式参数（形参）与实际参数（实参）的含义，以及参数的作用域。
- 熟练掌握 return 的作用。
- 熟悉递归函数的基本原理。
- 掌握 Python 标准库中常用函数的功能和使用。

7.1　认识函数

　　从函数的定义方式上来讲，函数分为内置函数和自定义函数两种。内置函数就是 Python 自带的，或者是模块中的函数。前面介绍了不少函数，它们都是内置函数。每一种函数都有自己的函数名、参数和功能。

7.1.1　help() 寻找内置函数

　　前面虽然介绍了一些内置函数的功能和使用方法，但那只是一少部分，并且有些函数的参数还没有全部展开介绍，因此当编程中需要调用时，如果每次都是去网上查找，势必会耗费很多时间，结果也不一定理想。Python 自带的帮助系统，可以帮助用户快速、准确地解决这些问题。例如，想查看 print() 函数的使用方法，可以在 >>> 的右侧输入 help(print)。窗口中就会显示有关 print() 函数的相关说明，如图 7-1 所示。

```
Python 3.5.2 Shell                                              —  □  ×
File  Edit  Shell  Debug  Options  Window  Help
Python 3.5.2 (v3.5.2:4def2a2901a5, Jun 25 2016, 22:18:55) [MSC v.1900 64 bit (AM
D64)] on win32
Type "copyright", "credits" or "license()" for more information.
>>> help(print)
Help on built-in function print in module builtins:

print(...)
    print(value, ..., sep=' ', end='\n', file=sys.stdout, flush=False)

    Prints the values to a stream, or to sys.stdout by default.
    Optional keyword arguments:
    file:  a file-like object (stream); defaults to the current sys.stdout.
    sep:   string inserted between values, default a space.
    end:   string appended after the last value, default a newline.
    flush: whether to forcibly flush the stream.
                                                               英 ˙ ☺ ☺
                                                               Ln: 16  Col: 4
```

图 7-1   help 帮助查询内置函数使用方法

从图 7-1 所示的帮助信息里，可以看到所有的 print() 函数的介绍，包括各参数的作用。

7.1.2   自定义函数作用

可以使用 Python 提供的内置函数编程，也可以根据项目需求定义自己的函数，以方便反复使用。下面首先介绍自定义函数的作用：

（1）减少代码冗余。自定义函数最重要的一个应用就是代码重复使用。一个子函数被定义后，随时调用，非常实用。

（2）简化问题，降低解题难度。通过将问题分解，划分出子任务。然后再针对每一个子任务编写代码，定义子函数。这样可以提高程序的模块化程度，方便后期维护。

7.2   函数的定义和调用

7.2.1   函数的定义

定义函数时，首先需要指定函数的名称，然后写出需要实现功能的代码。其次，要按照 Python 的格式进行定义。自定义函数的语法格式如下：

```
def 函数名([参数表]):
```

```
函数体
[return[表达式表]]
```

说明：

（1）自定义函数以 def 开头，后面是函数标识符和圆括号。

（2）参数必须放在圆括号中。允许没参数，也允许一个参数或多个参数。如果是多个参数，那么参数间用逗号分隔。

（3）def 右边行尾一定要有冒号，冒号的下面内容一定要缩进对齐（缩进去的部分就是函数体）。

（4）return[表达式表] 结束函数,返回一个值或多个值给调用方。如果没有 return 语句，Python 会自动返回 None（空值）。如果 return 后面是多项，项目之间以逗号分隔，返回的一组值相当于一个元组。

例7-1 定义一个函数计算两个数的和。

分析：

（1）假设以 x、y 代表两个数，以 sum_1 为函数名。

（2）求和：将 x+y 存放在 s 中。

（3）通过 return s 返回求和结果。

参考代码如下：

```
def sum_1(x,y):
    s=x+y
    return s      #用return将x+y的结果返回给调用者
```

注意：

函数定义好后，并不能获得求和的结果。要想获得结果，还需要调用函数。如现在计算6和9的和，那么就需要调用函数sum_1()。参考代码如图7-2所示。

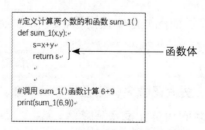

图 7-2　定义及调用子函数

将上述代码后保存、运行后，能在窗口中显示 15。

例7-2 利用函数绘制奥运五环。

分析：

在第 4 章，通过顺序结构一步一步地编写代码，绘制出奥运五环，再通过循环结构解

决代码重复使用问题。现在换个角度来考虑这个问题。对于奥运五环,可以分解成两个任务:

（1）绘制圆环。

（2）写字。

绘制圆环:需要知道圆环的半径,假设用 r 表示;接着就是圆环的位置,假设用 x 表示水平方向的坐标,y 表示垂直方向的坐标;然后,是圆环的颜色,假设用 color1 表示;最后,圆环的函数名,假设为 cir_1()。

因为绘制圆环时常常要移动画笔,所以可以将画圆环的任务再拆分为两个子任务:移动画笔和画圆环。

假设移动画笔的函数名为 move(),参数为 x、y。这样,move() 和 cir_1() 两个函数的参考代码如下:

```
import  turtle as tt    #导入turtle
def move(x,y):                #将画笔的位置调整到（x,y）处
   tt.up()
   tt.goto(x,y)
   tt.down()

#定义cir_1()函数,绘制任意位置、任意颜色、任意半径的圆环
def cir_1(r,x,y,color1):
   move(x,y)
   tt.color(color1)          #设置画笔的颜色为color1
   #用color1颜色绘制圆环
   tt.circle(r)
```

上述两个函数,简洁清晰。

7.2.2　函数的调用

函数定义好之后,就可以在后面的程序中使用它,这个过程称为函数的调用。格式如下:

函数名 (参数表)

说明:

（1）与调用内置函数一样,先写函数名,圆括号中写参数。

（2）如果是多个参数,参数间用英文逗号分隔。

例如,上面求和函数 sum_1(6,9),就是调用函数语句。当调用函数 sum_1(6,9) 时,传递了两个值:6 传给了 x,9 传给了 y,用 return 语句将 6+9 的结果返回给调用者。

再如,前面定义的 move() 函数,如果将画笔移到（-100,100）处,就用 move(-100,100) 完成。其中 -100 传给了 x,100 传给了 y。

如果现在要绘制半径为 100 像素的奥运五环,那么就可以调用前面定义的圆环函数和

移动画笔函数，即调用 cir_1() 函数和 move() 函数。

假设奥运五环蓝色圆环位置是 (-310,0)，颜色是 blue。

假设奥运五环黑色圆环位置是 (-100,0), 颜色是 black。

假设奥运五环红色圆环位置是 (110,0), 颜色是 red。

假设奥运五环橘红色圆环位置是 (-205,-100), 颜色是 orange。

假设奥运五环绿色圆环位置是 (5,-100), 颜色是 green。

调用圆环、移动坐标函数绘制奥运五环的代码如下：

```
tt.pensize(5)      #调整画笔粗细
tt.speed(0)        #调整画笔速度
a=100              #圆环半径为100
#调用函数绘制五环
cir_1(a,-310,0,"blue")
cir_1(a,-100,0,"black")
cir_1(a,110,0,"red")
cir_1(a,-205,-100,"orange")
cir_1(a,5,-100,"green")
```

上面调用函数的方法还可以优化，例如用循环。此外，也可以定义一个函数，例如函数名为 main()，将上面的代码放到该函数中，最后调用 main()。请同学们自己修改代码。

7.2.3　函数的参数

无论是内置函数还是自定义函数，每一个函数的基本形式都是下面 3 种中的一种：

（1）函数名 ()：这种形式的调用是没有参数。

（2）函数名 (参数)：这种形式的调用是一个参数。

（3）函数名 (参数表)：这种形式的调用是多个参数。

1. 形参

形参的全称是形式参数，是定义函数和函数体时所使用的参数。例如，前面的自定义函数 move()，用到了 x 和 y 两个变量，这两个变量是形式参数。而绘制奥运五环函数 cir_1()，它的形式参数有 4 个，分别是 r、x、y、color1。

2. 实参

实参的全称是实际参数，其作用是接收调用函数时所传递的数据，是调用函数时传递给形参的实际值。

例如，sum_1(6,9) 中的 6 和 9 就是实参，把 6 传递给 x，9 传递给 y。而 cir_1(100, -310,0,"blue") 中的 100,-310,0,"blue" 也是实参，将 100 传给 r，-310 传给 x，0 传给 y，"blue" 传给 color1。

7.2.4 函数参数的传递

通过上面的介绍，现在大家已经清楚了形式参数和实际参数的具体含义。下面介绍 Python 函数的参数传递方式的种类，主要包含位置参数传递、关键字参数传递、可变参数传递 3 种。

1. 位置参数传递

这种传递方式是最常见到的一种形式，例如，前面的 sum_1()、move()、cir_1() 等都属于这种。而下面的代码，首先在交互窗口 Shell 中创建了一个子函数 f1()，然后在交互窗口中也是采用位置参数传递的方式调用了子函数 f1()：

```
>>>def f1(a,b,c):
        return a,b,c
>>> f1(1,2,3)
(1,2,3)
```

上面定义子函数 f1() 时，写完 return a,b,c 后按【Enter】键结束定义。而 (1,2,3) 是调用 f1 函数后返回的结果。

2. 关键字参数传递

如果一个函数被定义时非常复杂，为了不让调用出错，Python 运行时将参数的名称与值绑定在一起进行函数调用。这种参数传递方式称为关键字参数传递。

例如，上面定义的圆环函数 cir_1，调用方式调整为 cir_1(color1="blue",r=100,x=-310,y=0)，也能实现同样的效果。

还有上面定义的 f1() 函数，调用方式修改如下：

```
>>> f1(c=10,a=3,b=5)
(3,5,10)
```

这种传递方式与第一种不同，虽然打乱了顺序，但结果还是按照定义时的顺序返回值。

3. 可变参数传递（任意个数参数）

一般情况下，在定义函数时，参数的个数是明确的。但现实生活中，仍然存在参数的个数不确定的需求。事实上，Python 的内置函数中就存在可变参数的情况。例如，图 7-3 所示的 Python 帮助中提供的 max() 函数的帮助信息：

图 7-3 中的帮助信息里有一个参数：*args（黑色直线画出的部分），这个参数就是可变参数。

Python 中，定义函数时，当无法确定参数的个数时，可以在参数前面加上"*"或者"**"。格式如下：

```
>>> help(max)
Help on built-in function max in module builtins:

max(...)
    max(iterable, *[, default=obj, key=func]) -> value
    max(arg1, arg2, *args, *[, key=func]) -> value

    With a single iterable argument, return its biggest item. The
    default keyword-only argument specifies an object to return if
    the provided iterable is empty.
    With two or more arguments, return the largest argument.
```

图 7-3　max() 函数的帮助信息

```
def 函数名([参数,]*args,**kwargs):
        函数体
        return [表达式]
```

说明：以星号（*）开始的变量 args、kwargs 会存放所有未命名的变量参数。其中，args 为元组，kwargs 为字典。

例7-3 请运行下面的代码，并看看结果：

```
>>> def test(*args):
        Print(args)
>>> test(1,2,3,4,5)
(1,2,3,4,5)
```

通过上面代码执行后的结果，大家已经明白 *args 是元组了吧。

例7-4 定义一个函数，计算任意个数的和。

参考代码如图 7-4 所示。

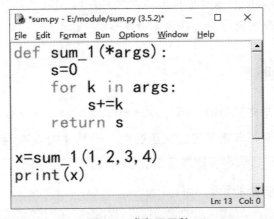

图 7-4　求和子函数

图 7-4 所示的函数 sum_1() 代码中，参数就是一个可变参数。调用 sum_1() 函数时，有 4 个实际参数。运行后，窗口中显示 10。

10 是 1+2+3+4 的结果，也就是说在定义子函数时，通过 *args 来定义可变参数，调用时可以用多个实参代入求和。

另外，以 ** 开始的变量 kwargs 会存放命名参数，即形如 key=value 的参数，kwargs 为字典。

例7-5 下面代码定义了一个 test() 函数，并且调用它：

```
>>> def test(**kw):
        return(kw)
>>> test(a=1,b=2,c=3)
 {'b': 2, 'a': 1, 'c': 3}
```

从上面代码执行的结果来看，以 ** 开始的参数，调用函数时，要通过 key=value 方式完成参数的传递。

温馨提示：

如果在定义函数时，添加了 * 和 ** 的参数，那么传入的顺序必须和声明时的顺序一致。例如，下面的代码：

```
>>> def test(*args,**kwargs):
        print(args)
        print(kwargs)
>>> test(1,2,3,a=10,b=20)
(1, 2, 3)
{ 'a': 10, 'b': 20}
```

调用函数时，传入的参数顺序要与定义时一致。如果调用函数时没有指定参数，那么它就是一个空元组或者空字典。

总结：

● 使用 * 可以将未命名的参数打包成元组类型。

● 使用 ** 可以将未命名的参数打包成字典类型。

7.2.5 函数的返回值

Python 中，用 def 定义函数时，可以在函数体内用 return 来返回计算结果，这个返回的结果就是函数的返回值。当定义自定义函数时，函数体内没有 return 语句，那么会自动返回一个 None（空值），其数据类型属于 NoneType。

例7-6 定义一个无参数的函数 aa()：

```
>>> def aa():
        print(1+2)
```

调用函数 aa() 后，窗口中显示的结果是 3；因为没有 return 语句，所以测试函数 aa() 返回值的类型是 NoneType。如下所示：

```
>>> aa()
3
>>> type(aa())
```

```
3
<class 'NoneType '>
```

例7-7 下面的代码实现的功能是：定义一个函数名为 bb() 的无参数函数，函数体内有一个 return 语句，返回 1+2 的计算结果。

```
>>> def bb():
        return 1+2
```

调用函数 bb() 后，1+2 的结果返给调用者，所以在窗口中显示的也是 3；但因为有 return，所以用 type() 函数测试调用函数 bb() 的结果，其类型是整数。调用与显示结果如下所示：

```
>>> bb()
3
>>> type(bb())
<class 'int '>
```

例7-8 下面的代码实现的功能是：定义一个函数名为 cc()、有两个参数的函数，函数体内有一个 return 语句，返回两个参数的和、积的计算结果；

```
>>> def cc(x,y):
        return x+y,x*y
```

调用函数 cc() 后，1+2 和 1*2 的结果返给调用者，所以在窗口中显示（3,2）；用 type() 函数测试调用函数 cc() 的结果，类型是元组。如下所示：

```
>>> cc(1,2)
(3,2)
>>> type(cc(1,2))
<class 'tuple '>
```

例7-9 通过函数的方式来实现第 4 章的案例：1!+2!+3!+…+n!。

阶乘的和分为两个子任务：计算阶乘、求和。

有关分析和流程图请参阅第 4 章 4.3 节中例 4-14,定义 n 的阶乘子函数的参考代码如下：

```
#迭代法定义函数计算1*2*3*…*(n-1)*n
def fac(n):
    s=1
    for k in range(1,n+1):
        s*=k
    return s
```

上述代码中，通过赋值语句 s*=k 方式迭代出新的 s 值。

同样的道理，求阶乘的和函数，参考代码如下：

```
#迭代法定义函数求和
def sum_1(n):
    s=0
    for k in range(1,n+1):
```

```
            s+=fac(k)     #调用阶乘函数计算k!
    return s
```

从键盘输入一个整数，存放在 x 中，然后计算 1~x 之间的阶乘和的 main() 函数，参考代码如下：

```
def main():
    x=int(input("请输入一个正整数"))
    y=sum_1(x)
    print("1到", x, "之间的阶乘的和=", y)
```

最后调用 main() 函数，保存文件并运行。窗口中显示如图 7-5 所示。

======================= RESTART: F:/电子教案/Python/第七讲/f1.py ====
请输入一个整数3
1到 3 之间的阶乘的和= 9

图 7-5 运行后窗口显示的结果

7.3 变量的作用域

对于函数定义时用到的参数变量，或者函数体内用到的变量，它们的生命周期有多长？或者说这些变量在什么范围内是有效的？这个就是作用域问题。一个变量在函数外部定义和函数内部定义，其作用域是不同的。此外，如果用特殊的保留字（关键字）来定义变量，也会改变它的作用域。

7.3.1 局部变量

所谓局部变量，是指定义在函数内的变量，即在 def 函数体内。这些变量只能在 def 函数内使用，它与 def 函数外具有相同名称的变量没有任何关系。不同的函数里，可以使用相同名称的局部变量，而且各个函数内的变量不会相互影响。

例如，调用刚刚定义的阶乘函数 fac(3)，此时 fac() 函数中的 s、k 和 n 都是局部变量。当执行 print(fac(3)) 时，fac(3) 是调用函数 fac()，此时 3 个变量 s、k 和 n 开始有效。执行 print 之后，这 3 个变量就失效了，被系统自动删除。

7.3.2 全局变量

全局变量是在子函数外面定义的、作用域是整个程序。例如，在下面代码中添加一条 print(k) 语句，会报错，如图 7-6 所示。

```
#定义函数计算1*2*3*……*（n-1)*n
def fac(n):
    s=1
    for k in range(1,n+1):
        s*=k
    return s

print(fac(3))
print(k)  ◄─────────────── print(k) 会报错
```

图 7-6　打印子函数中的变量

最后一行 print(k)，会显示变量名错误：提示变量 k 没有被定义。

之所以出现报错信息，是因为变量 k 是局部变量，它的作用域只在函数 fac() 内。

但如果执行图 7-7 所示代码后，窗口中显示什么呢？

```
#定义函数计算1*2*3*……*（n-1)*n
def fac(n):
    s=1
    for k in range(1,n+1):
        s*=k
    return s

k=30  ◄────────────
print(fac(3))
print(k)
```
此时变量 k 的作用域，是除了函数体外整个程序有效，它的值是 30，除非有新的赋值语句改变其值

图 7-7　定义一个全局变量 k

运行后，窗口中显示的结果如图 7-8 所示。

```
===================== RESTART: G:\电子教案\Python\第七讲\递归.py
======
6
30
```

图 7-8　运行后的结果

图 7-8 中第一行的数字 6 是执行 print(fac(3)) 的 1*2*3 的结果；第二行的数字 30 就是 k 的值，此时的 k 是全局变量。

7.3.3　global 保留字

前面介绍了局部变量和全局变量及其作用域，但如果想将子函数内的变量作用域变为全局的，那么就要用 global 进行定义。

格式：

```
global <变量名>
```

功能：将变量名定义为一个全程变量。

例7-10 将前面定义的阶乘函数中 k 设置为全局变量：

```
#迭代法定义函数计算1*2*3*…*(n-1)*n
def fac(n):
    global k        #将变量k定义为一个全局变量
    s=1
    for k in range(1, n+1):
        s*=k
    return s

print(fac(3))
print(k)
```

执行上面代码后，窗口中显示的结果：第一行是 6，第二行是 3。6 是计算 1*2*3 的结果。3 是变量 k 中存放的数据，是 range() 函数产生序列中的最后一个数 3。

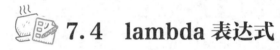

7.4 lambda 表达式

用 def 方式定义的函数，往往函数体中的语句都比较多。如果只有一条语句的话，那么可以用 Python 的 lambda 来创建。

7.4.1 匿名函数

所谓匿名函数，就是没有名称的函数，lambda 就是匿名函数。用 lambda 创建函数时，不需要 def 开头，并且只能包含一个表达式，且这个表达式的计算结果就是函数的返回值。格式如下：

```
lambda[参数1[,参数2,…,参数n]:表达式
```

说明：[参数 1[, 参数 2, …, 参数 n] 是函数的参数，"表达式"是函数返回的值。匿名函数定义时，不用写 return 语句。

例7-11 创建匿名函数。

```
>>> sum_2=lambda a,b:a+b
```

上面一行代码创建了一个匿名函数：计算两个数的和，并将结果保存在变量 sum_2 中。今后要调用这个函数，就用 sum_2 直接调用。例如：

```
>>> sum_2(6,9)
15
```

7.4.2 lambda 函数的特点

lambda 函数的语法特点决定了它只能创建简单的函数，并且函数返回值也只能是一个

对象或一个表达式。它不能像 def 语句那样，在冒号的后面可以用 if、for 等语句来构建复杂的函数。

7.5　递归函数

在第 5 章介绍算法时，曾经介绍过递归算法。而递归函数是指直接或间接调用函数自身（这种调用称为递归调用）的函数。

例7-12 计算 n！。

n！的公式：

$$n！=\begin{cases}1 & n=1 \\ n*(n-1)！ & n>1\end{cases}$$

当 n=1 时，结束递归调用。

分析：

假设用函数 f1(n) 表示 n！，那么可以写成

f1(n)= n*(n-1)*…*3*2*1

(n-1)!

如果 n>1，那么：

- f1(n)= n*f1(n-1)

- f1(n-1)=(n-1)*f1(n-2)，

…

- 当 n=1 时，返回值为 1。

用递归方法完成 f1(n) 函数定义，其参考代码如下：

```
#递归法定义函数计算n阶乘：n*(n-1)*…*3*2*1
def f1(n):
    if n==1:
        n=1
    else:
        n*=f1(n-1)
    return n


print(f1(3))      #输出调用函数f1(3)的结果
```

保存文件后运行，窗口中显示 6（因为 f1(3) 就是 3*2*1）。这个结果与 7.2.5 节中定义的例 7-9 定义的函数 fac(3) 是一样的。这个子函数就是一个递归函数，它的执行过程如图 7-9 所示。

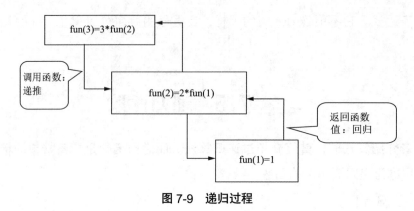

图 7-9　递归过程

递归函数具有如下特征：

（1）递归函数必须有一个明确的结束条件。

（2）函数调用时不能出现无止境的递归调用，而应该是有限次数的。

从图 7-9 所示的递归过程，递归调用分成两个阶段：递推调用和返回函数值的回归过程，跟进栈和出栈相似，如图 7-10 所示。

类似于景区人太多时，为了避免出现拥挤踩踏问题，在景区门口排队：出一人进一人。

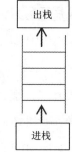

递归函数的调用就是通过栈这种结构来实现：每调用一次函数，就会执行一次进栈，每当函数返回，函数执行一次出栈。由于栈的大小是有限的，因此，递归调用的次数过多，会导致栈内存的溢出。这也就是上面强调的一定要有结束条件，否则会发生溢出错误的原因。

图 7-10　进栈、出栈的过程

下面再介绍一款经典的递归调用游戏：汉诺塔。

汉诺塔问题。

汉诺塔（也叫河内塔）源自印度，是一款非常著名的游戏，许多算法书籍中都有介绍。游戏的规则是：有 A、B、C 三根柱子，A 柱上有 n 个大小不等的盘子。大盘在下，小盘在上。要求将所有的盘子移动到 C 柱上，每次只能移动一个盘子。移动过程中，可以借助任何一个柱子，但必须满足大盘在下，小盘在上的原则。

分析：

（1）如果 A 柱上只有一个盘子，那么将这个盘子直接移到 C 柱。游戏结束，所需步骤是 1 步。

（2）如果 A 柱上有两个盘子，那么：将小盘从 A 柱移到 B 柱，然后将大盘从 A 柱移到 C 柱；最后将小盘从 B 柱移到 C 柱。游戏结束，所需步骤是 3 步。

（3）如果 A 柱子上有 n 个盘子，那么可以像上面的阶乘一样将此问题分解成：

① 上面 n-1 个盘子和最下面第 n 个盘子的情况。n-1 个盘子从 A 柱移到 B 柱，第 n 个

盘子从 A 移到 C。

② 此时，问题转换成 n-1 个盘子从 B 移到 C 的问题。同样的道理，先将 n-2 个盘子从 B 移到 A 柱，然后将第 n-1 个盘子移到 C 柱；此时，问题转换成 n-2 个盘子问题……，以此类推，一直到最后变为移动一个盘子的问题。

这是一个典型的递归问题，递归结束于只移动一个盘子。

算法可以描述为：

（1）n-1 个盘子从 A->B 柱，借助于 C 柱。

（2）第 n 个盘子 A->C 柱。

（3）n-1 个盘子 B->C, 借助于 A 柱。

其中，步骤（1）到步骤（3）重复递归下去，直到移动一个盘子为止。

下面我们需要定义两个函数：一个函数是递归函数，如 hanoi(n,source,temp,target)；另一个是实现输出移动信息的函数，如 move(source,target)。

参考代码如图 7-11 所示。

```
def move(source,target):
    print(source, "-->", target)

def hanoi(n,source,temp,target):
    if n==1:
        move(source,target)
    else:
        hanoi(n-1,source,target,temp)    #将n-1个盘子移到B柱子上
        move(source,target)    #将最后一个盘子移到C柱子上
        hanoi(n-1,temp,source,target)    #将n-1个盘子移到C柱子上

#主程序
n=int(input("输入盘子数: "))
print("移动",n,"个盘子的步骤是: ")
hanoi(n,"A","B","C")
```

图 7-11　汉诺塔代码

7.6　Python 标准库——内置函数

Python 内置（built-in）函数随着 Python 解释器的运行而创建，随时可以使用。

7.6.1　常用内置函数

Python 常用内置函数按照字母顺序排列的清单如表 7-1 所示。

表 7-1　常用内置函数

abs()	float()	list()	print()	sum()
ascii()	help()	map()	range()	
bin()	hex()	max()	round()	tuple()
bool()	input()	min()	reverse()	type()
chr()	int()	oct()	set()	upper()
dic()	len()	open()	sorted()	vars()
eval()	lower()	pow()	split()	

表 7-1 中的内置函数有一些已经在前面介绍过使用过，如 type、input、print、range、help 等。

（1）查看数据类型的函数：type()。

（2）查看帮助信息的函数：help()。

（3）获取长度的函数：len()。

（4）与循环设计相关的函数：range()。

（5）与函数对象相关的函数：map()。

（6）与输入 / 输出相关的函数：input()、print()。

（7）不同进制转换相关的函数：bin()、hex()、oct()。

（8）与序列相关函数：list()、tuple()、dict()、sort()、reverse()。

（9）与数据类型转换相关的函数：int()、float()、ascii()。

7.6.2　数字相关的函数

1. 绝对值函数

格式：

```
abs(x)
```

功能：返回数字的绝对值，结果是正数。参数可以是整数、浮点数或复数。例如：

```
>>> abs(-9)
9
>>> abs(3.12)
3.12
>>> abs(-3+6j)
6.708203932499369
```

如果参数是一个复数，那么 abs(x) 函数返回的绝对值是此复数与它的共轭复数的乘积的算术平方根。

2.round() 函数

格式：

```
round(n,ndigits)
```

功能：对浮点数 n 进行四舍五入，保留几位小数是由 ndigits 决定。

例7-13 下面的代码是对 3.567 保留 1 位小数，这样从小数位第 2 位开始进行四舍五入。

```
>>> round(3.567,1)
3.6
```

如果没有参数 ndigits，那么表示取整。

例7-14 没有参数的 round() 函数示例。

```
>>> round(3.1415926,0)
3.0
>>> round(3.1415926)
3
```

round 四舍五入时遵循靠近 0 的原则，所以请注意下面案例的结果：

```
>>> round(0.5)
0
>>> round(-0.5)
0
>>> round(-0.6)
-1
>>> round(0.6)
1
>>> round(-0.6,0)
-1.0
```

从上面案例的结果来看，对于浮点数进行四舍五入时有一个陷阱，有些结果不像预期的那样（如 round(0.5) 和 round(0.6)）。这不是 bug，而是浮点数存储时因为位数有限，实际存储的值和显示的值存在一定误差造成的。

3.pow 函数

格式：

```
pow(x,y[,z])
```

该函数的参数 x、y 是必选项，z 是可选项。返回的值是 x 的 y 次幂（相当于 x**y），如果有 z 这个参数，那么返回幂运算之后再对 z 取模（相当于 pow((x,y)%z)。

💡 注意：

取模运算就是前面介绍的取余数；此外，如果有 z 这个参数，那么 x、y、z 应是整数，否则会报错。

例7-15 第一个案例是计算 23，所以结果是 8；第二个案例是 23 的结果 8 被 5 除的余数，所以结果是 3。

```
>>> pow(2,3)
8
>>> pow(2,3,5)
3
```

如果有 3 个参数，那么 3 个参数一定是整数，不能是浮点数。如果有一个参数是浮点数，那么会报错，如图 7-12 所示。

```
>>> pow(2, 3.2)
9.18958683997628
>>> pow(2.5, 3)
15.625
>>> pow(2.5, 3, 2)
Traceback (most recent call last):
  File "<pyshell#5>", line 1, in <module>
    pow(2.5, 3, 2)
TypeError: pow() 3rd argument not allowed unless all arguments are integers
```

图 7-12　pow() 函数中参数用浮点数导致类型异常错误

图 7-12 中第一个案例，计算的是 $2^{3.2}$，所以结果是浮点数。第二个案例中，计算的是 2.5^3，其结果也是浮点数。第三个案例报错，是因为有第三个参数，此时 x、y、z 三个参数都必须是整数；第一个参数是 2.5，2.5^3 结果是浮点数，但浮点数不支持模运算。

4.max() 函数

前面介绍 max() 函数时，它的参数都是数值数据，但 max() 函数还支持列表、字符串类型。

格式 1：

```
max(iterable,*[,key,default])
```

格式 2：

```
max(arg1,arg2,*args[,key])
```

功能：返回多个参数中的最大值，或者可迭代对象元素的最大值。在 max() 函数中，如果有参数 key，那么按照 key 指定方式来求最大值的方法，default 参数用来指定最大值不存在时返回的默认值。

如果参数是数值类型，那么至少要两个参数，返回这两个数中的最大值。如果少于两个参数，会显示 TypeError 信息。

例7-16 max() 函数示例 1。

```
>>> max(1,2,3,4,5,6)
6
```

如果参数是迭代类型，那么可迭代类型的参数不能为空，否则报错。

例7-17 执行下面代码，前两个都允许，但第 3 个 max([]) 的参数是空列表，所以显示 ValueError 信息，如图 7-13 所示。

```
>>> max([1, 34, 27, -9, 78])
78
>>> max([1, 2, 3], [3, 2, 1])
[3, 2, 1]
>>> max([])
Traceback (most recent call last):
  File "<pyshell#8>", line 1, in <module>
    max([])
ValueError: max() arg is an empty sequence
```

图 7-13　max() 函数中迭代对象为空时报错

如果参数是字符串类型，那么最大值就是字母排序靠后的。

例7-18 max() 函数示例 2。

```
>>>  max(["a","b","c"],["b","c"])
['b', 'c']
```

如果比较的两个对象不是同一种类型，原本是不能比较的，但此时用可选参数 key，就可以比较，并取最大值。

例7-19 max() 函数示例 3。

```
>>> max("a","abc",3,key=str)
'abc'
```

由于指定 key=str 方式进行比较，所以得到 'abc' 结果。但执行下面图 7-14 所示代码会显示 TypeError 信息。

```
>>> max("a","abc",3,key=str)
'abc'
>>> max("a","abc",3)
Traceback (most recent call last):
  File "<pyshell#12>", line 1, in <module>
    max("a","abc",3)
TypeError: unorderable types: int() > str()
```

图 7-14　max() 函数中参数类型不同导致错误

5.min() 函数

min() 函数与 max() 函数一样，也有两种格式。功能也与 max() 函数相似，只不过是取参数中的最小值。

7.6.3　与类型转换相关的函数

无论是数字、符号，还是字母，在计算机内部都是用二进制代码表示的。为了能统一表示这些符号，出现了 ASCII 码（美国信息交换标准码）。ASCII 分为基本 ASCII 和扩展的 ASCII，但都是用一个字节（8 个二进制位）来表示。其中基本 ASCII 用低 7 位表示，表示的字符数是 128 个。扩展的 ASCII 用 8 个二进制位表示，表示的字符数是 256 个。

为了扩充 ASCII 编码，不同国家和地区制定了不同的标准，产生了 GB2312、BIG5、JIS 等编码标准。这些编码都用 2 个字节来表示各种汉字编码，称为 ANSI 编码，又称为 MBCS(Muilti-Bytes Character Set，多字节字符集)。在简体中文系统下，ANSI 编码代表 GB2312 编码；在日文操作系统下，ANSI 编码代码为 JIS。在国际间交流时，无法将属于两种语言的文字存储在同一段 ANSI 编码文件中。出现的问题就是，同一个编码值，在不同的编码体系中代表着不同的字，导致了 Unicode 码的诞生。

每一个语言下的 ANSI 编码，都有一套一对一的编码转换器，Unicode 码成为所有编码转换的中间介质。所有的编码转换器都可以转换成 Unicode 码，而 Unicode 码也可以转换到其他的编码。

GB2312 是一个简体中文字符集，由 6 763 个常用汉字和 682 个全角的非汉字字符组成。其中汉字根据使用的频率分为两级。一级汉字 3 755 个，二级汉字 3 008 个。由于字符数量比较大，GB2312 采用了二维矩阵编码法对所有字符进行编码。首先构造一个 94 行 94 列的方阵，对每一行称为一个"区"，每一列称为一个"位"，然后将所有字符依照区位的规律填写到方阵中。这样所有的字符在方阵中都有一个唯一的位置，这个位置可以用区号、位号合成表示，称为字符的区位码。

键盘上的每个字母、符号、数字都有各自的编码，并且在 Python 中具有各自的类型，因此需要函数进行相互转化。下面的函数都是完成类型转换的，也就是说，将数值转换成字符串，或者字符串转换成数值，数值转换布尔类型，等等。

1.ord(x)

ord() 函数是返回 Unicode 字符对应的整数数值，参数 x 是一个 Unicode 字符。

例如：

```
>>> ord("a")
97
```

2.chr(x)

chr() 函数的功能与 ord() 函数正好相反，是返回 Unicode 字符。

例如：

```
>>> chr(65)
'A'
```

💡 **注意**：

参数 x 的取值范围一定是在 0~1114111 之间，否则报错。

3.bool([x])

该函数返回一个 True 或 False 的布尔值。参数 x 是可选的，如果省略参数，那么返回的值是 False。

例如：

```
>>> bool()
False
>>> bool(-9)
True
>>> bool(89)
True
>>> bool(0)
False
```

从上面的案例可以看出，参数是非零值时结果都是 True，也就是说，如果参数省略，或者是下面的数据，结果才是 False。

- []
- ()
- {}
- 0
- None
- 0.0
- 空字符串

4.eval(str)

eval() 函数的功能是将字符串 str 当成有效的表达式来求值并返回计算结果。

例如：

```
>>> eval("1+2+3")
6
```

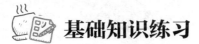 基础知识练习

1. 填空题

（1）如果要创建一个较为复杂、语句较多的自定义函数，那么应该用（　　）开头进行定义。

（2）自定义函数中所用参数，定义时被称为（　　），调用时称为（　　）。

（3）自定义函数中的函数名是一种标识符，所以只能用（　　）。

（4）下面的代码中，x和y被称为（　　）；5和1被称为（　　）。

```
def sum_1(x,y):
    z=x+y
    return z

print(sum_1(5,1)
```

（5）s=lambda x,y:x**y，s(2,4)的结果是（　　）。

（6）执行round（12.56,1）的结果是（　　），执行round(12.56,0)的结果是（　　）。执行round(12.56)的结果是（　　）。

（7）执行pow(3,2,4)的结果是（　　），执行pow(3,2,4.2)的结果是（　　）。

（8）已知a=10，执行eval("a ")的结果是（　　）。

2. 选择题

（1）在自定义函数时，要将结果x返回给调用者，应该用（　　）。（多选题）

    A. return x   B. return 'x'   C. return ('x')   D. return (x)

（2）定义一个函数，代码如下，运行后窗口中显示（　　　）。

```
def  aa(n):
   x=10
   return n
print(aa(1))
```

  A. none   B. None   C. 1   D. 10

（3）运行下面的代码后，窗口中显示（　　　）。

```
def sum_1(x,y):
   z=x+y
   return z
print(sum_1(5,1))
```

  A. None   B. 5   C. 1   D. 6

（4）运行下面的代码，结果是（　　　）。

```
def  x(a,b):
    s=a+b
    return s
y=x(1,2)
print(a)
```

  A. 报错   B. 3   C. None   D. 1

（5）运行下面的代码，结果是（　　　）。

```
>>> y=lambda x1,x2:x2**2-2*x1+x2
>>> y(2,3)
```

  A. 8   B. 6   C. 3   D. 2

（6）执行print(int(23.56))的结果是（　　　）。

  A. 23.56   B. 23   C. 24   D. 报错

（7）已知x=1，执行eval（"x "*2）的结果是（　　　）。

  A. 报错   B. 11   C. 2   D. x*2

（8）x选择下面（　　　），执行bool(x)的结果是False。

  A. -100.9   B. "aa"

  C. {1,2,3,"dd"}   D. []

3. 判断题

（1）定义子函数的目的之一是分解问题，降低编程难度。   （　　　）

（2）函数调用时，所用的参数分为可选、必选。   （　　　）

（3）用户自己定义函数时，必须使用def开头。   （　　　）

（4）函数被调用时的参数称为形参。   （　　　）

（5）函数中的参数，其作用域是全程有效。   （　　　）

（6）在定义子函数时，函数体内有没有return语句，都有返回值。　　　　　　（　　）

（7）自定义函数中的变量，无论函数有没有被调用都是有效的。　　　　　　（　　）

（8）自定义函数中，允许调用其他函数，甚至可以调用自身。　　　　　　　（　　）

（9）如果将一个变量定义为全局变量，应该用保留字global。　　　　　　　（　　）

（10）用lamdba定义的函数，可以像def一样定义多个表达式。　　　　　　（　　）

操作实践

1.创建一个自定义函数，实现的功能是：将一组数分成奇数一组和偶数一组。

2.创建一个自定义函数，实现的功能是挑出3个数中的最大（小）值，然后返回这个最大（小）值。然后写出代码来调用该函数，获得3个数中最大（小）值。

拓展：自定义一个函数实现：从几个数字数据中挑出最大的数（要求不能调用内置函数max），那代码如何设计？

3.利用turtle模块，定义子函数，绘制如下图形：

（1）绘制五角星。

（2）绘制一张笑脸（或是一张哭脸）。

（3）定义一个函数，绘制多边形。然后再根据从键盘输入的数字，调用这个多边形函数绘制该数字指定的多边形。例如，如果从键盘输入的是4，则绘制正方形；如果输入的是5，则绘制正五边形，依此类推。

第 8 章
模块

Python 中，与内置函数一样，像 turtle、random、math 等封装好的库（库即具有相关功能模块的集合），都是系统自带的标准模块或称标准库。此外还有第三方模块（第三方库即由其他的第三方机构，发布的具有特定功能的模块）和自定义模块两种。从本质上来讲，函数和模块都是为了更好地组织程序，实现代码重复使用。

通过前面的介绍，对程序的基本结构和 turtle、random、math 有了基本的了解，掌握了标准库的导入方法和调用标准库中函数对象的方法，可以编写简单程序（程序代码或脚本）来解决实际问题。本章继续介绍两个常用的标准库，以及自制模块和调用自制模块的方法。

学习目标

- 熟练掌握模块导入方法。
- 熟悉标准模块 sys、time 的作用和常用函数的功能。
- 熟练掌握自建 py 文件，并作为模块导入到 Python 中，然后调用自制模块中函数进行编程。

 ## 8.1 模块的概念

在 Python 中，将某些对象、函数、方法、变量等封装在一个文件中，这个文件称为模块（module）。当要用该文件中的函数、方法、变量时，需要将该文件导入。

实际上，模块文件可以是扩展名为 .py 的文件，也就是说任何 Python 程序都可以作为模块被导入、被调用。

8.2　导入模块

无论是什么类型的模块，要想用模块中的代码，都要用导入（import）的方法将其加入到正在编写的程序中，这样当前程序才能使用模块中的代码段。导入模块的通用格式为：

```
import 模块1,模块2,…
```

使用 import 可一次导入多个模块，每个模块间用","分隔。在命令行中导入某个模块后，用户便可以调用指定模块中的所有方法。调用格式为：

```
模块名.方法()
```

功能：调用模块名中的指定函数和方法，实现其定义的功能。

例如，前面介绍过的 turtle 模块，通过 import turtle 导入后，当需要画一个 100 像素的直线时，使用的命令是 turtle.fd(100)。

8.3　模块导入特性

通过上面的介绍，我们已经清楚，要使用模块中的函数、变量等方法时，需要先导入。那么 Python 中，模块导入具有哪些特性呢？

8.3.1　允许模块多次导入

首先，模块被导入的过程称为加载。其次，Python 中的模块允许被多次导入，但只会被执行一次。

例8-1　创建一个文件 add.py，保存在 Python 默认路径下。代码如下：

```
def test(n):    #定义一个子函数test()
    n+=10
    return n
qian=test(2)     #调用test()函数，并将结果赋值给变量qian
print(qian)      #输出结果
```

然后在 IDLE 交互环境中导入 add 模块，代码如下：

```
>>> import add
12
>>> import add
```

上面导入模块两次，但只被运行一次（输出了 12 这个结果），第二次再导入时却没有被运行。

8.3.2 模块间相互调用

Python 中，模块间允许相互调用，但不会出现死循环。

例8-2 定义一个模块 sub1.py，导入前面的 add.py 文件，并调用该文件中的 test() 函数。代码如下：

```
def test(n):
    n-=10
    return n
import add    #导入add
qq=add.test(2)+test(2)   #调用add中test函数和当前文件中的test函数进行求和
print(qq)   #显示求和结果
```

上面代码运行后，窗口中显示：4。

将模块 add.py 的代码修改，增加导入 sub1.py，并调用 sub1 文件中的 test 函数的代码。具体代码如下：

```
def test(n):   #定义一个子函数test
    n+=10
    return n
import sub1
qian=test(2)+sub1.test(2)     #调用当前文件中的test函数和sub1文件中的test函数，并
求和
print(qian)   #输出结果
```

上述代码中，虽然两个程序中相互调用，但也可以正常运行，并能获得正确结果（窗口中会分两行显示两个 4）。其原因是 Python 中的模块有"即便多次导入程序，也只会被加载一次"这个特性。

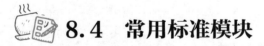

8.4 常用标准模块

Python 中的标准模块很多，我们可根据需要选择导入。前面介绍了 math、turtle 和 random 三个模块，下面简单地介绍 sys 和 time 两个模块。

8.4.1 sys 模块

sys 是 system 的缩写，用来获取操作系统和编译器的一些配置，以及对其进行设置及操作，如判断文件和文件夹是否存在，创建文件文件夹，添加运行文件的路径，获取系统版本等。sys 模块中有 3 个标准文件，分别是 stdin(标准输入文件)、stdout（标准输出文件）和 stderr（标准错误文件）。

下面介绍常用的与 sys 模块相关的函数、方法和文件。

1.dir

sys 模块中包含了与 python 解释器及其环境有关的函数，可以通过 dir(sys) 来查看 sys 里面的方法和成员属性，代码如下：

```
>>> import sys
>>> print dir(sys)
```

窗口中显示结果如图 8-1 所示。

图 8-1　用 dir 查看模块 sys 中包含的方法和属性

2.sys.path

利用 sys.path，既可以得到 Python 所有模块搜索路径数据，也可以添加自建模块文件运行的路径。如果输入的命令是 print(sys.path)，那么窗口中显示的就是当前 Python 版本的所有路径，如图 8-2 所示。

```
>>> import sys
>>> print(sys.path)
['', 'C:\\Users\\Administrator\\AppData\\Local\\Programs\\Python\\Python37\\Lib\
\idlelib', 'C:\\Users\\Administrator\\AppData\\Local\\Programs\\Python\\Python37
\\python37.zip', 'C:\\Users\\Administrator\\AppData\\Local\\Programs\\Python\\Py
thon37\\DLLs', 'C:\\Users\\Administrator\\AppData\\Local\\Programs\\Python\\Pyth
on37\\lib', 'C:\\Users\\Administrator\\AppData\\Local\\Programs\\Python\\Python3
7', 'C:\\Users\\Administrator\\AppData\\Local\\Programs\\Python\\Python37\\lib\\
site-packages']
```

图 8-2　当前 Python 版本中所有可扫描的路径

从图 8-2 可以看出，sys.path 属性是一个列表，里面保存了所有扫描路径。当 Python 导入文件或者模块时，默认情况下 Python 会先在 sys.path 里寻找模块的路径。如果没有找到，那么会报错。针对这种情况，为了能正常调用自制模块中的方法、变量等，需要将自制模块文件所在的路径添加到 sys.path 中。方法是用 sys.path.append 将路径添加到当前模块扫描的路径里。

格式：

```
sys.path.append('盘符:/路径')
```

功能：将'盘符:/路径'所指定的位置添加到 sys 的路径中，这样导入自制模块后，就不会出现因为找不到模块文件而报错的问题。

这部分的案例参见 8.5 节。

3.sys.stdin 与 input()

前面介绍了 input 的使用方法，大家已经掌握了它的功能和用途。而 sys 模块中的标准输入文件 sys.stdin，也提供了一个标准化输入方式。它的功能与用途和 input 大致相同，但更多样化。

格式：

```
sys.stdin.readline()
```

功能：可以实现标准输入，其默认输入的类型是字符串，如果要换成 int 或 float，那么还要用 int()、float() 函数将其类型进行转换。

例8-3 sys.stdin 应用示例。

```
>>> import sys
>>> x=sys.stdin.readline()
```

上面两行代码被执行后，会等待从键盘输入数据。假设输入 good，并按【Enter】键后，就将字符串 good\n 赋值给变量 x。此时在 >>> 的后面输入 x，如下所示：

```
>>> x
'good\n'
```

上面的结果表示，用 sys.stdin.readline() 接收的数据中隐含一个换行符，这是与 input不同的地方。

此外，也可以利用 split() 函数将接收过来的数据转换成列表。

例8-4 split() 函数示例。

```
>>> x=sys.stdin.readline().split()
good
>>> x
['good']
```

最后一行的 ['good']，是 split() 方法将键盘输入的字符串 'good' 转化为列表。

4. 打开文件和关闭文件

在 Python 中，通过自带的编辑器窗口，进行代码编写、保存、运行的操作。那么文件是什么呢？直白地讲，文件就是保存在硬盘等外存储器上的计算机信息的集合。

当需要对文件中的数据进行读取、写入操作时，首先要打开文件，用完之后再关闭文件。

Python 只认两种类型文件：一种是二进制文件；另一种是文本文件。文本文件可以是扩展名为 .txt 的文件，也可以是 Python 的 py 文件。

打开一个文件，首先要清楚文件被保存的位置，这就需要知道盘符、路径；其次要清楚文件名，而文件名是由主名和扩展名构成的。所以，在下面的格式中，文件名一定要写完整。

格式：

```
open(盘符:/路径/文件名[,mode= "r"])
```

功能：将指定盘符和路径下指定的文件打开。而 mode 参数设置以什么方式打开文件。如果没有选择 mode 参数，那么默认为 "r"。

常用的模式有：

（1）r：以只读方式打开文件，该文件必须存在，否则报错。

（2）r+：以可读写方式打开文件，光标置于开关。此时如果马上写入数据，会覆盖原数据。该文件必须存在。

（3）w：以只写方式打开文件，若文件存在则文件长度清为零，即该文件原内容会消失。若文件不存在则建立该文件。

（4）w+：以可读写方式打开文件，若文件存在则文件长度清为零，即该文件原内容会消失。若文件不存在则建立该文件。

（5）a：以追加的方式打开只写文件。若文件不存在，则会创建该文件。如果该文件存在，写入的数据会被添加到文件末尾，文件原本内容会被保留。

（6）a+：以追加的方式打开可读写的文件。若文件不存在，则会创建该文件。如果文件存在，写入的数据会被添加到文件的末尾，文件原本的内容会被保留。

以上表示模式的字符可以与 b 组合成新的模式，如 rb、wb+、ab+ 等组合，加入 b 字符用来告诉函数库以二进制方式打开文件，而不是纯文本方式打开。

例8-5　打开 E 盘上 module 文件夹中的文件 sub1.py，所用代码如下：

```
>>> import sys
>>> f1=open("E:/module/sub1.py ")
```

文件打开并完成编写修改后，一定要关闭。格式如下：

```
close()
```

功能：将打开的文件关闭。

5. 读文件

文件被打开后，就可以读取文件中的数据了。而 Python 中读取文件的方法有很多种，常用的有 read()、readline() 和 readlines()。

格式 1：

```
read(size)
```

功能：从指定文件中读取 size 指定字节数的数据，如果省略 size，那么将一次读出指定文件中的所有数据。

假设 sub1.py 中的文件内容如图 8-3 所示。

```
sub1.py - E:\module\sub1.py (3.5.2)
File Edit Format Run Options Window Help
def test(n):
    n-=10
    return n

import add
qq=add.test(2)+test(2)
print(qq)
                                        Ln: 1  Col: 0
```

图 8-3　sub1.py 的文件内容

导入 sys 模块后，可以用图 8-4 中的命令将 sub1.py 中的文本读取出来。

```
>>> f=open("e:/module/sub1.txt")
>>> f.read(7)
'def tes'
>>> f.read()
't(n):\n    n-=10\n    return n\n\nimport add\nqq=add.test(2)+test(2)\nprint(qq)\n
n           \n'
>>> f.read()
''
```

图 8-4　read 方法按照字节读取文件中的文本

f.read(7) 命令的作用是：从打开的文件当前位置开始读取 7 个字节的文本，因此结果是 7 个字符：def tes。执行 f.read() 时，将打开的文件中余下的所有文件内容读出来。当第二次再执行 f.read() 时，因为所有内容已全部读出，所以代码的下面显示 ''。

格式 2：

```
readline()
```

功能：用 readline() 读取文件时，每次读出一行，所以，读取时占用内存小，比较适合大文件，该方法返回一个字符串对象。

执行下面代码后就可以一行一行地将 sub1.py 文件中的内容读出来。只是每一行的末尾都有一个换行符。

例 8-6 执行图 8-5 所示的代码。

```
>>> f=open("e:/module/sub1.py")
>>> f.readline()
'def test(n):\n'
>>> f.readline()
'    n-=10\n'
```

图 8-5　readline() 方法一行一行读取文件

执行 f.readline() 时，先读取的是 sub1.py 文件中第一行内容，注意结尾处有一个换行符 \n（图中下画线画出的）。再执行 f.readline()，读出第二行内容。

如果要将上面每一行的结尾处换行符删除，那么可以在 readline() 的后面加 .strip()，去掉换行符，同时也去掉前后的空格。

例8-7　执行 f.readline().strip() 后，读取文件中第一行信息，此时结尾处没有了换行符，如图 8-6 所示。

```
>>> f=open("e:/module/sub1.py")
>>> f.readline().strip()
'def test(n):'
```

图 8-6　strip() 删除 readline 读取数据结尾处的换行符

请注意格式 1 和格式 2 的区别。

格式 3：

```
readlines()
```

功能：可以将指定文件中的数据一次读出，并将每一行视作一个元素，存储到列表中。

例8-8　通过 readlines() 将文件中的数据全部读出，但每一行结尾处都有 \n，如图 8-7 所示。

```
>>> f=open("e:/module/sub1.py")
>>> f.readlines()
['def test(n):\n', '    n-=10\n', '    return n\n', '\n',
'import add\n', 'qq=add.test(2)+test(2)\n', 'print(qq)\n'
, '\n', '    \n']
```

图 8-7　readlines() 读取文件中的数据

执行上面两行代码，读出文件中的所有内容，每一行的内容成为列表中的一个元素，并且结尾处都有一个换行符（见图中下画线画出的内容）。

6. 写文件

对于开启的文件来讲，不仅仅是读出文件内容，还需要往里面写东西。当然，如果想向一个开启的文件中写入信息的话，那么打开文件时的方式要选择允许进行"写"操作。

向打开文件中写入数据的操作，格式如下：

```
write(字符串)
```

功能：将字符串写入指定的文件中。

例8-9　写文件。

```
>>> import sys
>>> f=open("E:/module/sub1.py","w")      #打开文件，并将文件清空
>>> f.write("x=10")                      #将x=10写入sub1.py文件中
>>> f.close()                            #关闭文件
```

执行上面代码后，sub1.py 文件中就只有一条语句：x=10。

如果要输入多行信息，那么可将 write 语句修改如下：

```
>>> f.write("x=10\ny=5\nz=x+y")
>>> f.close()
```

执行完上面的两行代码后，打开 E 盘 module 文件夹中的 sub1.py 文件，其中的内容更改为图 8-8 所示的内容。

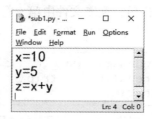

图 8-8　sub1.py 文件修改后的内容

⏻ **温馨提示：**

● 用 write 之前一定要用 open 将文件打开，而且如果打开文件模式是 w 或 w+，那么打开的文件内容会被清空；如果模式是 a，那么用 write 写入的信息会追加到文件的末尾。

● 用 write 向文件写入字符串后，一定要用 close 关闭文件，这样才能将写入的字符串真正写入文件中。

8.4.2　time 模块

time 模块提供了各种与时间相关的函数，其中的 sleep() 函数可以将计算机线程暂停。在介绍 sleep() 函数之前，先介绍一下 time 模块中表示时间的方式。

1.time 中表示时间的方式

Python 有两种方式表示时间：

● 时间戳。用一个浮点数表示，例如，今天是 2020 年 11 月 15 日 11：59：40，那么执行 time.time() 后，窗口中显示的数值是：1605412754.173545。这个数是从 2020 年 11 月 15 日 10：59：40 开始到 1970 年 1 月 1 日 00：00：00 之间相隔的秒数，其类型是浮点型。

● 时间元组（struct_time）。用年、月、日、时、分、秒、星期、第几天、是否是夏令时这 9 个元素表示。

例如，想查看当前系统中的时间，可以通过 time.gmtime() 实现。如果要查找初始的时间，用 time.gmtime（0）函数，如图 8-9 所示。struct_time 中各项含义如表 8-1 所示。

```
>>> import time          年份是2020    月份是11    日期是5         6点
>>> time.gmtime()
time.struct_time(tm_year=2020, tm_mon=11, tm_mday=5, tm_hour=6, tm_min=38, tm_se
c=34, tm_wday=3, tm_yday=310, tm_isdst=0)
>>> time.gmtime(0)
time.struct_time(tm_year=1970, tm_mon=1, tm_mday=1, tm_hour=0, tm_min=0, tm_sec=
0, tm_wday=3, tm_yday=1, tm_isdst=0)

                        系统以1970年1月
                        1日开始计时间
```

图 8-9　struct_time 制式中各参数代表含义

表 8-1 time.struct_time 中各项含义

左到右位置序号	属性	取 值	说 明
0	tm_year	年份	例如是 2020，表示当前年份是 2020 年
1	tm_mon	月份 range[1,12]	例如是 11，表示当前月份是 11 月
2	tm_mday	天数 range[1,31]	例如是 5，表示 5 号
3	tm_hour	小时 range[0,23]	例如是 6，表示 6 点
4	tm_min	分钟 range[0,59]	例如是 38，表示 38 分
5	tm_sec	秒数 range[0,61]	例如是 34，表示 34 秒
6	tm_wday	星期 range[0,6],0 是星期日	例如是 3，表示星期三
7	tm_yday	对应一年中的那一天 range[1,366]	例如是 310，表示第 310 天
8	tm_isdst	tm_isdst 可以在夏令时生效时设置为 1，而在夏令时不生效时设置为 0	例如是 0，表示不是夏时制

2. 常用的函数

time 模块中的函数有很多种，在此介绍 time()、ctime()、clock() 和 sleep()。它们的格式和功能如下：

（1）time() 函数。

格式：

```
time.time()
```

功能：time 模块的核心之一就是这个 time() 函数，返回从纪元开始以来的秒数，类型是浮点型。

（2）ctime() 函数。

格式：

```
time.ctime()
```

功能：该函数返回当前时间的字符串形式。

例8-10 执行 time.ctime()，显示的是当前系统的日期和时间，如图 8-10 所示。

```
>>> time.ctime()
'Thu Nov  5 14:31:53 2020'
```

图 8-10 显示当前系统日期和时间

（3）clock() 函数。

格式：

```
time.clock()
```

功能：该函数返回一个浮点数。可用于计算程序运行的总时间，或者用来计算两次 clock() 之间的间隔。

（4）sleep() 函数。

格式：

```
time.sleep(t)
```

说明：t 为推迟执行的秒数。

功能：Python 中的 time.sleep() 函数推迟调用线程的运行，可通过参数 t 指定秒数，表示进程挂起的时间。

例8-11 通过 sleep() 方法将程序运行过程暂停。

代码如图 8-11 所示。

```
*timesleep.py - E:/module/timesleep.py (3.5.2)*
File Edit Format Run Options Window Help
import time

print("Start : %s" % time.ctime())    #显示当前日期和时间
time.sleep( 5 )    #暂停5秒
print("End : %s" % time.ctime())    #显示当前日期和时间
                                                        Ln: 6 Col: 0
```

图 8-11   sleep() 方法的作用

上面代码被执行之后，先在窗口中显示图 8-12 所示的内容。

```
Start : Thu Nov  5 14:43:01 2020
```

图 8-12   显示开始的系统日期和时间

暂停 5 秒之后，窗口中再显示图 8-13 所示的内容。

```
End : Thu Nov  5 14:43:06 2020
```

图 8-13   暂停 5 秒后的日期和时间

 # 8.5   导入和调用自制模块

所谓自制模块，本质上就是将程序的功能进行细分，并封装在一个 py 文件中。在需要的时候，导入它使用它。下面定义五角星、长方形、圆环等函数，将它们保存在 py 文件中，再将该 py 文件作为模块进行调用。

要想成功调用自制模块，关键是先要将自制模块保存的路径添加到 Python 中。方法是利用 sys 模块中的 sys.path.append() 方法，将 py 文件的位置添加到 Python 的扫描路径中。

8.5.1   自制模块

前面介绍了矩形、五角星、圆环等绘制图形的代码，并将它们定义成函数。下面通过建立 py 文件→导入 py 文件→调用 py 文件中的函数绘制奥运五环等图形，来介绍自制模块的创建、调用的方法。

分析：

（1）定义一个子函数 move()，有两个参数：x 代表水平方向坐标，y 代表垂直方向坐标。

（2）因为矩形（矩形或正方形）也是一个经常要绘制的图形,所以也将其定义成子函数,函数名为 rec，参数有长和宽,用 l（lenth）和 w（width）表示。

（3）由于矩形有填充效果和位置的要求,所以在 rec() 函数基础上定义一个 rec_1() 函数,参数除了 l、w 外有 x、y（位置坐标）,填充色用 color1 表示。

（4）五角星的函数名为 star。因为有大小不同（五角星边长不一样）的需求,所以设置一个参数 l（lenth）。

（5）在 star() 函数的基础上再定义一个子函数 star_1(),参数除了 l 外有五角星的位置 x、y;因为可以填充不同的颜色,所以引入参数 color1;因为五角星的朝向可以不同,所以引入参数 a 表示角度。

（6）绘制奥运五环中的圆环,定义成一个子函数,函数名为 cir_1。参数有半径,用 r 表示,位置坐标用 x、y 表示,颜色用 color1 表示。

最后将上述子函数保存到 E 盘 module 文件夹中，文件名为 flag.py。代码如下：

```
from turtle import *  #导入turtle
speed(0)              #将画笔的速度调到最快
#定义子函数move，将画笔的位置调整到坐标（x,y）处
def move(x,y)():
    up()
    goto(x,y)
    down()
#定义函数绘制长l、宽w的矩形
def rec(l,w):
    #在当前位置上绘制长度为l、宽度为w的矩形
    for i in range(2):
        fd(l)
        right(90)
        fd(w)
        right(90)
#定义一个函数rec_1()，在(x,y)处绘制长、宽为w、l的矩形，填充色是color1
def rec_1(l,w,x,y,color1):
    move(x,y)
    color(color1)    #将画笔颜色调整为color1
    #将下面绘制的图形用color1颜色进行填充
    begin_fill()
    rec(l,w)
    end_fill()
#定义函数绘制边长为l的五角星
def star(l):
    for i in range(5):
        fd(l)
        left(144)
```

```
#在(x,y)处绘制边长为1的五角星，并且角度为a，填充色是color1
def star_1(l,x,y,a,color1):
        #将画笔的位置调整到坐标（x,y）处
        move(x,y)
        #设置画笔的颜色为color1
        color(color1)
        seth(a)
    #绘制五角星
        begin_fill()
        star(l)
        end_fill()
#定义有颜色的圆环函数
def cir_1(color1,x,y,r):
        color(color1)      #调整画笔颜色
        move(x,y)
        circle(r)              #画半径为r像素的圆
```

完成上面的代码编写，然后以 flag 为文件名保存到 E 盘 module 文件夹中。

8.5.2　调用自制模块

因为 flag.py 文件没有保存在 Python 默认的路径中，所以直接用 import flag 导入文件会有问题，因此要将 flag.py 所在的路径添加到 sys.path 中。下面调用 flag.py 中的函数来绘制奥运五环，过程如下：

（1）新建一个文件。

（2）因为要调用 flag 文件中的函数，所以先导入 sys 模块。

（3）将 E:/module 添加到 sys.path 中，如图 8-14 所示，这样就能调用存放在 E 盘 module 文件夹中的文件，如 flag.py。

（4）编写代码调用 flag 中函数来绘制奥运五环。

参考代码如图 8-14 所示。

```
import sys #导入sys
sys.path.append("E:/module")    #将存放flag文件的路径添加到Python中
import flag  #导入flag
#定义函数main()，调用flag中的子函数绘制奥运五环
def main():
    posx=[-310,-100,110,-205,5]
    posy=[0,0,0,-100,-100]
    colors=["blue","black","red","orange","green"]
    a=100   #圆环的半径为100
    for k in range(5):
        flag.cir_1(colors[k],posx[k],posy[k],a)    #调用flag中的cir_1绘制五环

main()
```

图 8-14　调用 flag.py 文件中的函数绘制奥运五环

拓展:

请同学们参照图 8-14 的代码, 自己编写代码调用 flag 中的函数绘制五星红旗、蓝色星空 (借助随机数生成五角星的位置坐标和边长)。

基础知识练习

1. 选择题

(1) 下面导入模块的方法, 正确的是 (　　　)。

  A. from 模块名 import   B. import 模块名

  C. import 模块名 in 标识符   D. import 模块名 from 标识符

(2) 某人创建了一个py文件, 名称是test。为了能访问test文件中的函数, 需要将该文件所在路径添加到sys的path中, 下面 (　　　) 是正确的。

  A. sys.path   B. sys.path.append   C. path   D. sys

(3) 在sys模块中, (　　　) 是标准输入文件。

  A. input   B. print   C. stdin   D. stdout

(4) 为了能一行一行读取D盘上的test.py文件中的内容, 应该使用 (　　　)。

  A. read   B. write   C. readline()   D. readline(0)

(5) 用open打开指定位置处test.py文件, 为了将 "welcome Beijing!" 写入文件test.py的末尾, 那么open中打开文件方式应该选 (　　　)。

  A. a   B. w+   C. w   D. r+

(6) 如果执行f1=open("D:/aaa.py"), 那么aaa.py文件的打开方式是 (　　　)。

  A. r   B. r+   C. w   D. w+

(7) 要将当前的线程暂停一下, 应该用 (　　　)。

  A. time()   B. sys()   C. clock()   D. sleep()

(8) 创建py文件时, 编写代码要用到与时间有关的所有函数, 应该用 (　　　) 导入模块。

  A. time.time()   B. import time.time()

  C. time.clock()   D. import time

2. 判断题

(1) 已知模块A和模块B, Python中, 允许模块A中的函数和模块B中函数相互调用。

                      (　　　)

(2) 模块就是函数。   (　　　)

(3) Python中, 允许一次导入多个模块。   (　　　)

（4）标准库是Python自带的。 （　　）

（5）库是同一类功能的模块集合。 （　　）

（6）Python中，一个模块允许多次导入，并且每导入一次加载一次。 （　　）

（7）Python中，任何一个用open打开的文件都可以写入信息。 （　　）

（8）如果执行f1=open("D:/aaa.py")后，关闭文件的命令是close()。 （　　）

（9）read(7)实现的功能是将开启的文件中前7行信息读出。 （　　）

（10）如果要在窗口中显示当前系统日期时间数据，应该用time()。 （　　）

（11）向打开的文件中写入信息后，信息就自动保存在文件中。 （　　）

操作实践

1. 创建一个test.py文件，并将下面要实现的每一项功能定义成子函数。

（1）计算前n个数的和。

（2）计算前n个数的积。

（3）对任意n个数按照由小到大的顺序排序。

（4）将任意一组数分成奇数一组和偶数一组。

（5）猜数游戏。

（6）绘制多边形（就是根据输入的数来绘制多边形，例如输入的数是5，那么绘制正五边）。

2. 创建一个py文件，实现的功能是：循环显示下面的菜单系统，并且选择菜单中的某菜单项就调用test.py中对应的函数，完成对应的功能。

1--前n个数的和

2--前n个数的积

3--对任意n个数按照由小到大的顺序排序

4--任意一组数分成奇数一组和偶数一组

5--与计算机进行猜数游戏

6--绘制多边形

0—退出